社区规划理论与实践丛书

丛书主编　刘佳燕

健康社区规划研究与武汉实践

RESEARCH OF HEALTHY COMMUNITY PLANNING AND WUHAN PRACTICE

武汉市规划设计有限公司
黄　宁　袁诺亚　梅　磊　黄泽柳
熊姗姗　王　紫　李　东　王存颂　著

中国建筑工业出版社

图书在版编目（CIP）数据

健康社区规划研究与武汉实践 = RESEARCH OF HEALTHY COMMUNITY PLANNING AND WUHAN PRACTICE/黄宁等著. —北京：中国建筑工业出版社，2022.12
（社区规划理论与实践丛书/刘佳燕主编）
ISBN 978-7-112-27994-4

Ⅰ. ①健… Ⅱ. ①黄… Ⅲ. ①社区—城市规划—研究—武汉 Ⅳ. ①TU984.12

中国版本图书馆CIP数据核字（2022）第176630号

责任编辑：刘　丹　徐　冉
责任校对：李美娜

社区规划理论与实践丛书
丛书主编　刘佳燕

健康社区规划研究与武汉实践
RESEARCH OF HEALTHY COMMUNITY PLANNING AND WUHAN PRACTICE
武汉市规划设计有限公司
黄　宁　袁诺亚　梅　磊　黄泽柳　著
熊姗姗　王　紫　李　东　王存颂
*
中国建筑工业出版社出版、发行（北京海淀三里河路9号）
各地新华书店、建筑书店经销
北京建筑工业印刷厂制版
北京中科印刷有限公司印刷
*
开本：787毫米×1092毫米　1/16　印张：9¼　字数：181千字
2022年12月第一版　2022年12月第一次印刷
定价：**88.00**元
ISBN 978-7-112-27994-4
（40120）

前　言

健康是促进人的全面发展的必然要求，是经济社会发展的基础条件，是民族昌盛和国家富强的重要标志，也是广大人民群众的共同追求[①]。健康理念的不断深入人心，直接推动健康社区成为社会关注的焦点，也将是城市未来发展的重点。

纵观历史，突发性公共卫生事件对人类的身体健康和生命安全带来威胁考验。社区作为应对一线，在生活服务、组织管理、科普宣传等方面发挥了重要作用和显著成效。但与此同时，社区弹性空间完善配置、社区治理能力精细提升等方面的重要性与紧迫性更趋明显。

作为长江中游城市群核心城市之一，武汉锚定国家中心城市、长江经济带核心城市、国际化大都市总体定位，提出“打造五个中心，努力建设现代化大武汉”的目标，在此背景下，开展健康社区规划研究并进行具有武汉特色的实践探索具有十分重要的现实意义。

---

① 习近平. 把人民健康放在优先发展战略地位 努力全方位全周期保障人民健康[EB/OL].(2016-08-21). http://www.gov.cn/xinwen/2020-09/08/content_5541737.htm?gov.

目　录

上篇：健康社区规划研究

一、健康社区的概念及内涵

（一）社区的概念

“社区”一词源于拉丁语，意思是共同的东西和亲密的伙伴关系。20 世纪 30 年代初，该词由费孝通先生在翻译德国社会学家滕尼斯（Ferdinand Tönnies）的一本著作 *Community and Society*（《社区与社会》）时，从英文单词“Community”翻译过来，后来被许多学者引用，并逐渐流传下来。

一般对社区的定义可以概略分为两大类：一是指地理上的社区，也就是在一定空间范围内一群人共同生活的地区；二是指心理上的社区，是在某方面拥有共同利害关系，具有“我们”意识的一群人，是生活中相互依赖与关联的网络。而社区营造中的“社区”，并非单指传统社会的地方意识，也不是指有限地理空间的单位，更不是形式化的行政组织，它是介于社会与家庭中间、提升现代人居住生活品质的基本单位（表 1-1）。

我国部分具有代表性的社区概念 **表1-1**

代表作者	社区定义表述	社会构成要素
费孝通（1985）	若干社会群体或社会组织聚集在某一地域里形成的一个在生活上相互联系的大集体	1. 以一定生产关系、社会关系为基础组成的人群； 2. 有一定的区域界限； 3. 形成了具有一定地域特点的行为规范和生活方式； 4. 居民在情感和心理上具有对社区的乡土观念
郑杭生（1991）	进行一定的社会活动、具有某种互动关系和共同文化维系力的人类生活群体及其活动区域	1. 一定的区域； 2. 一定的人群； 3. 共同行为规范、生活方式和社区意识； 4. 各种社会活动互动关系，更为重要的是经济活动
王康（1998）	一定地域内按照一定社会制度和一定社会关系组织起来的、具有共同人口特征的地域生活共同体	1. 按一定社会制度和社会关系组织起来共同生活的人； 2. 有一定的地域条件； 3. 有自己特有的文化、制度和生活方式； 4. 居民在情感和心理上具有共同的地域观念、乡土观念和认同感

综上所述，我们可以概括出社区概念必须具备 4 个特征：① 地域要素，即具有

特定的区域界限；② 人口要素，即包含一定数量的、具有相互依存的社会关系的人；③ 组织要素，即受制度约束下形成的社区组织形式及相互构成方式；④ 文化要素，即结成社会生活共同体，具有共同的文化心理和情感认同。

（二）健康的概念及发展

1. 健康的定义

世界卫生组织在其 1948 年发布并于 1959 年生效的组织法中关于健康的定义："健康不仅为疾病或羸弱之消除，而系体格、精神与社会之完全健康状态。"① 医学上定义的健康主要包含两方面：一是最基本的要求是身体形态大小均匀，主要器官没出问题且可以自由活动；二是有较强的免疫系统来面对疾病，抵抗外界刺激和疾病带来的身体不适，能够较好地适应环境的变化②。生态学所研究的健康，可以认为它是人类的一种状态，其与人类所在的生物、化学、物理和社会环境密切相关③。健康不仅由个人生理和心理状况决定，也由个人周围的社会环境及集体环境决定。

2. 健康的影响因素

1974 年加拿大卫生部门发布了拉隆德（Lalonde）报告。这份报告提出，国民健康不仅由医疗服务单方面决定，还受到生态、环境、生活方式、文化习惯等方面影响。拉隆德报告从某种意义上来说开创了公共卫生领域的新纪元。自该报告发布的 30 多年来，研究者在公共卫生领域的大量研究充分证明，环境（主要涵盖自然环境、社会环境）和生活方式（主要指个人行为）对健康的影响远远大于我们所关注的"看病、治疗"，即医疗服务，对健康的影响。

目前主流思想认为，影响健康的因素主要有环境因素、生物学因素、生活与行为方式以及卫生医疗因素 4 个方面。在这 4 项因素中，至少有 3 项因素与空间环境产生了关联。环境因素中的自然环境包含围绕人类周围的客观物质世界，它是人类生存的必要条件，具体到现代社会就包括了居住、工作、游憩等空间；生活与行为方式除了受主观因素影响外，大量研究也表明，不同的物质空间环境对人们的生活和行为方式会产生重要的影响，适宜的物质空间会对健康的生活方式产

① 世界卫生组织.《世界卫生组织组织法》：原则［EB/OL］. https://www.who.int/zh/about/governance/constitution.

② 赵航. 我国人口健康影响因素的统计分析［D］. 杭州：浙江工商大学，2009.

③ BECHTEL R B，CHURCHMAN A. Handbook of environmental psychology[M]. Hoboken: John Wiley & Sons，2002.

生积极的影响；卫生医疗因素与相应设施在空间上的均衡、合理配置有着重要的关联。

从现代城市规划的起源可以看到“健康”因素的重要影响。规划法起源于英国，英国近代的城市规划则起源于公共卫生的需求，这份需求恰恰源自卫生和健康问题。1848 年，英国《公共卫生法案》提出了现代城市规划的概念，并使得城市规划与健康紧密联系在了一起。尽管公共部门对城市健康的认识与干预孕育了城市规划，但随着城市规划学科的逐渐成形与完善，将“健康”置于首要位置的城市规划思想、方法和技术手段却日渐缺失。

除了日常生活和环境对健康的影响，突发公共卫生事件对人类生命安全与身心健康的冲击也是巨大的，而且可能引发多种次生和衍生的政治、经济和环境危机。突发公共卫生事件不仅影响人身体健康，对交通、商业、医疗、经济发展、国际交往等个体和人类集体生活的方方面面也产生了深远的影响，对全球城市治理形成了巨大挑战。

（三）健康社区的概念及内涵

1. 健康城市

自近代工业革命以来，快速的城市化进程不仅给西方国家带来了就业、居住、发展的机会，也带来了对生命健康的诸多挑战，西方国家逐渐开始关注人居环境和居民健康的关系。1984 年 10 月，在加拿大多伦多市召开的“超越卫生保健——多伦多 2000 年”会议上首次提出了“健康城市”（Healthy City）概念，旨在通过多个部门、多种学科的广泛合作，在更广泛的意义上重点解决城市健康问题以及与之相关的问题。

关于健康城市的定义，目前主流和权威的定义由世界卫生组织于 1994 年提出，即“健康城市是一个持续发展自然与社会环境，持续拓展社会资源，使得人们可以相互支持，生活幸福，从而实现人们最大潜力的城市”。上海复旦大学公共卫生学院傅华教授等提出了更易被人理解的定义：“所谓健康城市是指从城市规划、建设到管理各个方面都以人的健康为中心，保障广大市民健康生活和工作，成为人类社会发展所必需的健康人群、健康环境和健康社会有机结合的发展整体。”[①]

---

① 傅华，李妍婷．健康城市建设概论［M］//刘举科，孙伟平，胡文臻．中国生态城市建设发展报告（2017）．北京：社会科学文献出版社，2017：391-405.

关于健康城市的标准，1994 年世界卫生组织公布了 10 条标准：

1）为市民提供清洁安全的环境；

2）为市民提供可靠和持久的食品、饮用水、能源供应，具有有效的清除垃圾系统；

3）通过富有活力和创造性的各种经济手段，保证市民在营养、饮水、住房、收入、安全和工作方面的基本需求；

4）拥有一个强有力的相互帮助的市民群体，其中各不同的组织能够为了改善城市健康而协调工作；

5）能使其市民一道参与涉及他们日常生活，特别是健康和福利的各种政策决定；

6）提供各种娱乐和休闲活动场所，以方便市民之间的沟通和联系；

7）保护文化遗产并尊重所有居民（不分其种族或宗教信仰）的各种文化和生活特性；

8）把保护健康视为公众决策的组成部分，赋予市民选择有利于健康行为的权利；

9）做出不懈努力争取改善服务质量，并能使更多市民享受到健康服务；

10）能使人们更健康长久地生活和少患疾病。

2018 年，我国出台了《全国健康城市评价指标体系（2018 版）》，建立了由“健康环境”“健康社会”“健康服务”“健康人群”“健康文化”5 个一级指标，以及着眼于我国城市发展中的主要健康问题及其影响因素的 20 个二级指标和 42 个三级指标构成的指标体系，旨在能够科学地评价健康城市发展水平，从而为健康城市发展提供导向。

可以看到，健康城市的概念是基于人的健康生活需求而界定，并围绕城市环境、城市服务、城市文化、城市管理等方面展开；而健康社区是健康城市的内在单元和重要抓手，其出发点和关注的维度在一定程度上应予以延续。

2. 健康社区的内涵演化

要想实现健康中国的战略目标，社区及其他基层“细胞”的健康建设不容忽视，健康社区是营造健康城市的重要基础，健康城市在社区范围的一种实现形式。因此，两者关注的空间层次不同，是局部与整体、微观与宏观的关系。

20 世纪 80 年代，世界卫生组织通过健康城市倡议牵头实施健康社区运动（Healthy Communities Movement），提倡包括社会、经济、心理和环境在内的整体性的健康概念，并开展以社区为基础的行动和项目，制定符合社区实际的政策，以帮助社区实现健康目标①，其目的在于提高社区内个体、组织和社区整体的健康水平②。1986年，《渥太华宣言》将“加强社区的行动”作为健康促进运动涉及的五大主要领域之一，以社区为基础的干预行动项目愈来愈多地在各国得以开展。1989年，美国卫生部正式启用了“健康社区”概念，并在发起的健康社区计划中（Community Health Program）明确了健康社区就是为了预防慢性病和减少健康差距（Health Gaps）③。2015年，美国疾控中心将其进一步扩展，定义为：一个为紧急情况而准备好的社区④。

经过30余年的发展，健康社区的观念和实践在世界各地不断深入，得到了长远的发展。在中国，健康社区是伴随健康城市出现的，在最初试点的上海和苏州健康城市建设中，健康社区建设被列为主要的任务之一。2016年10月，《“健康中国2030”规划纲要》印发并实施，明确将健康社区作为健康细胞工程。

关于健康社区的定义，外国学者中，彼得·布思罗伊德（Peter Boothroyd）和玛格丽特·埃伯利（Margaret Eberle）指出，健康社区是内部所有非正式与正式组织都能有效合作，从而提高社区所有人的生活质量与健康水平的社区⑤。海伦娜·诺盖拉（Helena Nogueira）认为健康社区就是在保护环境的前提下，能有效发展经济，提升生活水平，并引导社区居民保持良好的生活习惯⑥。詹姆斯·F.麦肯齐（James F. McKenzie）提出健康社区是利用健康的手段和方式推动社会的可持续发展，并改善社区居民生活状态⑦。我国学者中，白波等将健康社区定义为在社区内部，或者与社区相关的外部正式/非正式组织和个体都能有效协同开展各项社会活动，从而不仅能够提高社区所有个体的生理、心理、精神、道德、生态和社会的健康水平，也能够提高社区正式/非正式组织，以及社区整体的健康水平⑧。孙文尧等理解健康社区为将城市规划、建设到管理都围绕以人的健康为中心的理念在社区层面上进行实

① NORRIS T, PITTMAN M. The healthy communities movement and the coalition for healthier cities and communities[J]. Public Health Reports, 2000, 115 (2-3):118-124.

② 孙文尧，王兰，赵钢，等. 健康社区规划理念与实践初探：以成都市中和旧城更新规划为例［J］. 上海城市规划，2017（3）：44-49.

③ 程玉兰. 美国疾病预防控制中心“健康社区项目”简介［J］. 中国健康教育，2011，27（1）：69-72.

④ A healthy community is a prepared community[EB/OL]. https://blogs.cdc.gov/publichealthmatters/2015/09/a-healthy-community-is-a-prepared-community/.

⑤ 白波，吴妮娜，王艳芳. 健康社区的内涵研究［J］. 中国民康医学，2016，28（20）：47-49，69.

⑥ NOGUEIRA H. Healthy communities: The challenge of social capital in the Lisbon Metropolitan Area[J]. Health&Place, 2009, 15(1): 133-139.

⑦ MCKENZIE J F, PINGER R R, KOTECKI J E. An introduction to community health[M]. 6th edition. Boston: Jones and Bartlett Publishers, 2007: 7.

⑧ 白波，吴妮娜，王艳芳. 健康社区的内涵研究［J］. 中国民康医学，2016，28（20）：47-49，69.

践，健康社区是社区内所有组织和个人共同努力形成的健康发展的整体[①]。吴一洲等认为“健康社区”是一个以健康的生态环境、健康的个人身体、健康的个人心理、健康的邻里关系和健康的社区经济等要素为特点的城市社区[②]。综合国内外学者研究，尚未对健康社区形成统一认识，但值得注意的是，大多学者对健康社区的界定都不仅仅局限于公共卫生领域，还涵盖了经济发展、文化建设、空间规划、社会治理等多个方面。

突发公共卫生事件，让健康社区的内涵又更进一步深化，我国诸多学者对空间规划与城乡建设的短板与盲区进行了反思。相关议题覆盖面较广，主要为：针对疫情分布特征及其影响因素的分析[③]，针对空间规划体系中防御单元的探讨[④]，针对“开放”与“封闭”的资源要素配置与空间布局的规划思考[⑤]，以及对社区规划实践的反思[⑥]，针对“强干弱枝型”社区治理现状以及城市治理中公共卫生治理制度缺失的审视[⑦]，提出构建健康城市治理系统的建议，从不同视角提出对城市疫情防控措施的思考，如时空间行为视角下的防控措施[⑧]、城市交通应急对策[⑨]、城市综合防灾减灾措施空间规划设计手段等[⑩]。

社区是应对突发公共卫生事件的基本防线，健康社区赋予了社区“健康”和“防疫”两个基本属性，贯穿到规划、设计、建设、管理和改造的全过程中，提升应急能力和社区治理能力也成为健康社区建设的重要内容。

总体而言，自 1989 年“健康社区”提出以来，在多元学科的参与下，健康社区涉及的层面愈发增多，健康社区关注的重点从强调生理健康逐渐向心理健康、社会健康和道德健康等方面拓展，后期更是转向经济、环境、政治等多角度的健康，相应涉及的健康社区规划体系也逐渐丰富（表 1–2）。

---

① 孙文尧，王兰，赵钢，等．健康社区规划理念与实践初探：以成都市中和旧城更新规划为例［J］．上海城市规划，2017（3）：44–49.

② 吴一洲，杨佳成，陈前虎．健康社区建设的研究进展与关键维度探索：基于国际知识图谱分析［J］．国际城市规划，2020（5）：80–90.

③ 董翊明．疫情下狭义健康生活圈与广义美丽生活圈的探讨［EB/OL］.（2020–02–25）. https://mp.weixin.qq.com/s/uRZtj6ngA8–n6GSBWYJvgQ.

④ 段进．建立空间规划体系中的“防御单元”［J］．城市规划，2020，44（2）：115.

⑤ 杨保军．突发公共卫生事件引发的规划思考［J］．城市规划，2020，44（2）：116.

⑥ 李志刚，肖扬，陈宏胜．加强兼容极端条件的社区规划实践与理论探索［J］．城市规划，2020，44（2）：121–122.

⑦ 张京祥．以共同缔造重启社区自组织功能［J］．城市规划，2020，44（2）：117–118.

⑧ 柴彦威，张文佳．时空间行为视角下的疫情防控［J］．城市规划，2020，44（2）：120.

⑨ 周文竹．突发公共卫生安全事件下分阶段城市交通应急对策［J］．城市规划，2020，44（2）：128–129.

⑩ 张帆．传染病疫情防控应尽快纳入城市综合防灾减灾规划［J］．城市规划，2020，44（2）：129.

健康社区内涵演化　　表1-2

时期	主要特点	目标
1994～1999年	强调社区与个人健康的联系，从生态系统健康的角度治理和管理社区	创造可持续的社区
2000～2002年	主要关注社区卫生服务系统、邻里关系对社区居民健康的影响	加强社区现有的卫生系统并改善居民的健康状况
2003～2007年	研究的方向逐渐拓宽，呈现出从单一走向多元、具体的发展趋势	加强社区居民在规划建设中的有效参与
2008～2011年	多角度研究影响社区健康的原因，如饮食、精神健康、当地经济和收入、健康不平等和战略性土地利用规划、污染、城市形态、全球生态等	不仅没有疾病，而且不分种族、宗教、政治信仰等的一种积极的幸福体验
2012～2014年	居民心理健康、城市绿色空间、环境等是影响社区健康的重要因素	促进环境正义，提高生活质量和人的健康
2015～2019年	构建韧性思维，提升社区恢复力	提高公民和机构应对并影响社会、经济变革进程的个人和集体能力，维持社区可持续发展
2020年至今	进一步完善内涵，突出应对突发事件能力	提升社区应对突发事件特别是公共卫生事件的能力，完善社区治理，提高智能化水平

3. 健康社区建设相关理论

突发公共卫生事件是一个动态演化的过程，为了应对这样的突发公共事件，需要从生命周期的角度考虑规划建设的思路、路径和机制。同时，社区建设也不应单单从空间实用、美观的角度考虑，更应引入对居民的健康支持思维，提供更加有利于居民身心健康的空间环境。为此，本书选取了危机生命周期治理、主动式健康干预社区空间设计两个方面相关理论对健康社区建设进行理论辅助参考。

（1）危机生命周期治理

国际对危机管理的研究开始于古巴导弹危机等政治军事方面，最初没有进入公共卫生领域。但随着各种危机事件的频繁发生，公共卫生危机治理已逐渐被政府所认识，将危机管理组织理论、发展周期理论、决策理论等应用到公共卫生危机治理之中。国际对公共卫生危机治理的研究可总结为以下几个方面：① 从理论上界定危机生命周期，判断危机的发展阶段，从而针对性地制定对策；② 从组织行为体系方面建立综合管理体系，以提高危机状态下决策的效率和质量。③ 应急能力研究。美国在20世纪90年代末，由联邦应急管理局（FEMA）和联邦应急管理委员会（NEMA）研究设计的一套评价联邦政府及各州应急管理能力的标准和应急能力评估（CAR）程序，成为世界上第一个进行政府应急能力评价的国家。这个评价体系对公共卫生危机治理具有很大的借鉴意义。

突发公共卫生事件是突发公共危机事件的其中一种重要类型。突发公共危机事件不仅仅是一个单一事件，更是一个动态演化的过程，包括了孕育、发展、蔓延、暴发和消解的历程，就像一个生命体，也有其“生命周期”。

1）斯蒂文·芬克的危机生命周期理论

1986年，斯蒂文·芬克（Steven Fink）出版了《危机管理：对付突发事件的计划》一书，首次提出了危机的生命周期理论。芬克借用医学术语形象地对危机的生命周期进行了描述，把危机生命周期划分为4个阶段，具体如表1-3所示。

斯蒂文·芬克的危机生命周期理论阶段划分 **表1-3**

阶段	描述
第一阶段 危机征兆期	线索显示有潜在的危机可能发生。在这一时期，危机的苗头还没有出现，但是能制造危机的隐患已经形成，有一些征兆显示危机有可能发生
第二阶段 危机发作期	关键性的危机事件暴发，而且演变迅速。这个阶段持续的时间有长有短，但是异常猛烈，造成的破坏和影响也是深远和巨大的
第三阶段 危机延续期	危机的影响持续，同时也是努力消除危机的过程
第四阶段 危机痊愈期	危机事件已经完全解决。这个阶段经历时间的长短与否，要看前期危机所造成的破坏程度及后期救助措施

根据薛澜、张强、钟开斌所著的《危机管理——转型期中国面临的挑战》①一书中分析，芬克的生命周期五阶段模型是最早把危机管理看作长期事件，而且，在引发危机事件之前，必然存在着预警信号，所以好的管理者不仅要设计实际的危机管理计划，而且要积极地识别并防范可能的引发事件（图1-1）。

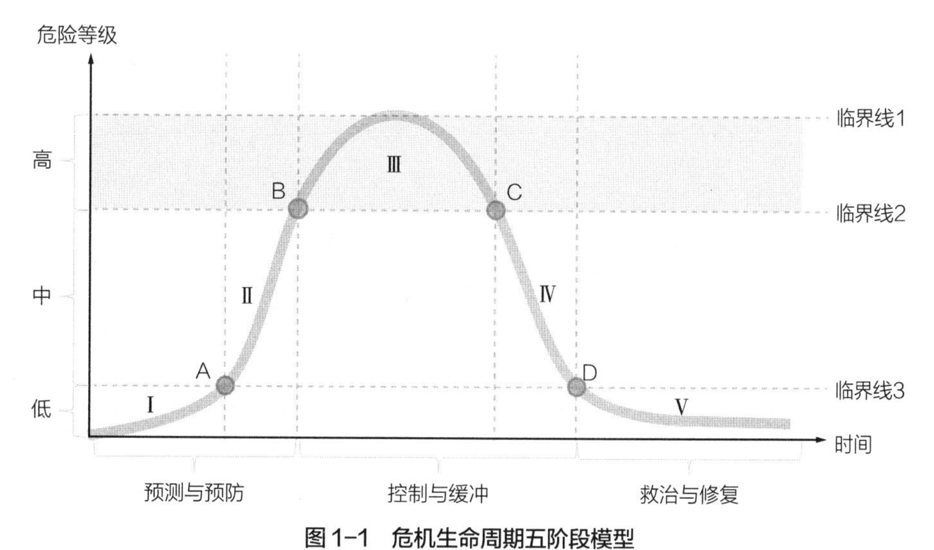

图1-1 危机生命周期五阶段模型

① 薛澜，张强，钟开斌. 危机管理：转型期中国面临的挑战［M］. 北京：清华大学出版社，2003.

芬克的危机生命周期理论认为危机管理是一种具有行动型的管理职能，旨在发现和确认那些可能影响组织的潜在的和萌芽状态中的问题，从而动员和协调该组织的一切资源，从战略上来影响那些问题的发展。

2）戴维·古思的危机生命周期理论

关于危机生命周期，美国学者古思（David W.Guth）于 1995 年提出了“危机征兆期”（Precrisis）、“危机发展期”（Crisis）、“危机痊愈期”（Postcrisis）三阶段的划分：危机征兆期是危机信号出现，潜藏危机因素发展的阶段；危机发展期是突破预警防线，引起危机的暴发和扩散，并进行危机应急处理的阶段；危机痊愈期是危机控制、逐步痊愈的阶段。

3）基于传统中医学的“治未病”理论

“治未病”是我国传统中医学说的经典理论和基本法则。《黄帝内经》记载“上工治未病，不治已病，此之谓也”。“治未病”强调的是掌握防治疾病的主动权，在疾病发生之前，防止其发生、发展。可以说，“治未病”确立了未病先防的理念，是我国传统中医学最具特色的核心理论。作为迄今为止我国卫生界所遵守的“预防为主”战略的最早思想，“治未病”理论通过千百年的实践和总结，已不单单是独具特色的健康防病文化，也成为中国传统文化思想的一部分，蕴含了丰富的哲学智慧，适用于诸多领域。

“治未病”理论包含了 3 个含义：

一是未病先防，即在疾患等出现之前进行预防。在这一阶段，强调“法于自然之道”。无论是人体还是城市，要顺应自然规律的发展变化，主动适应与自然融合相处，同时也要在隐患发生之前预想后果并做好防范措施，做到防患未然。如果没有做到协调、和谐的发展，将会出现问题，对于身体就是疾病，对于城市就是灾害。

二是既患防变，即如果已经有疾患前兆或者明确患病时，要防止其进一步恶变。在这一阶段，强调“防微杜渐”。无论是人体还是城市，一旦出现隐患征兆，就应该早介入、早治疗，主动关注健康问题，采取必要的具有针对性的措施，控制疾患生成或防止其扩大，避免不可逆转的情况发生，使疾患向康复状态转变。

三是愈后防复，即疾患治愈后，要防止其复发。在这一阶段，强调“系统提升”。无论是人体还是城市，当疾患治愈后，应从系统整体的观念出发，避免“头疼医头，脚疼医脚”，通过综合、全面的调理整治，巩固提升自身机能，防止疾患反复。

中医的“治未病”理论与国际的危机生命周期理论有相似之处，都是以自然生命体、人类社会的生长和发展过程为依托，剖析研究危机或灾害发生的前兆、过程和恢复等，为相应的危机应对提供启示。

（2）主动式健康干预社区空间设计

城市空间环境为户外活动提供物质基础，而丰富的户外活动是身体健康的基本保障。聚焦“治未病”，城市规划可以从空间环境设计角度采取有效干预措施，对人群健康产生积极影响。

1）环境改善对身体活动的促进作用

社区公共空间中的居民身体活动（Physical Activity）可以划分为三类，即必要性活动、自发性活动和社会性活动。其中通勤、上学、购物等日常的必要性活动在各种条件下都会发生，而其他如驻足、散步、玩耍、交谈等自发性和社会性活动只有在适宜的外部物质环境下才会发生。当环境条件适宜、场所具有吸引力时，会激发人们产生参与自发性活动的意愿，与此同时，由于人及其活动是最能引起人们关注和兴趣的因素，人们在同一空间中徜徉就自然会引发各种有赖于他人参与的社会性活动[①]。所以，对个体而言，必要性活动相对固定，而有赖于高质量物质环境条件的自发性和社会性活动，才是增加身体活动的有效途径（表 1–4）。

不同类型户外活动的内容和特征　　表1–4

户外活动分类	必要性活动	自发性活动	社会性活动
包含活动类型	一般日常的工作和生活事务，包括通勤、上学、购物、等人、候车、出差、递送邮件等	散步、驻足观望、坐下小憩等	有赖于他人参与的各种活动，包括儿童游戏、互相打招呼、交谈聊天、出于共同爱好的娱乐等各类公共活动以及最广泛的以视听来感受他人的被动式接触
对于物质环境的要求	各种条件下都会发生	只有在户外条件适宜、天气和场所具有吸引力时才会发生	只有在户外条件适宜、天气和场所具有吸引力时才会发生
促进活动发生的方法	当户外环境质量好时，虽然必要性活动的频率基本不变，但明显有延长时间的趋势	当户外环境质量好时，自发性活动的频率增加	绝大多数情况下，社会性是由另外两种活动连锁发展而来的，只要改善公共空间中另外两种活动的条件，才会间接促成社会性活动

2）“主动式健康干预”概念及内涵

在城市规划领域，“主动式健康干预”指的是通过空间环境设计的优化，对人的行为进行干预，从而促进身体活动，达到预防疾病和改善健康的效果[②]。因此，与传统医学对慢性疾病的被动式治疗不同，“主动式健康干预”希望通过改善社区环

① 扬·盖尔. 交往与空间［M］. 何人可，译. 北京：中国建筑工业出版社，2002.
② 谭少华，高银宝，李立峰，等. 社区步行环境的主动式健康干预：体力活动视角［J］. 城市规划，2020，44（12）：40–51，61.

境，吸引日常身体活动，从而提升居民身体素质，增强抵抗疾病的免疫力，主动式增进健康（图 1–2）。

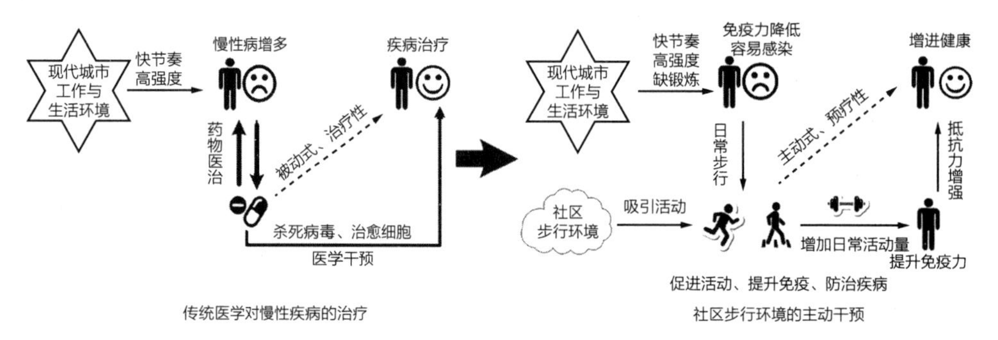

图 1–2　社区环境对身体健康的主动干预机制

来源：谭少华，高银宝，李立峰，等. 社区步行环境的主动式健康干预：体力活动视角［J］. 城市规划，2020，44（12）：40–51，61.

基于主动式健康干预的社区微改造，强调从居民的健康需求出发，充分挖掘和利用自身资源，积极开展健康细胞工程建设，创造健康支持性环境，通过社区物质空间环境的微改造，促进居民积极进行自发性和社会性的日常身体活动，对居民身体素质和健康水平产生主动式干预，预防或减缓各类疾病的产生。

3）空间特征

户外环境质量的改善，可以从路径和场所两个方面激发居民潜在的身体活动的需求，引导居民的健康行为：① 通过步行环境的优化，拓展居民活动空间；② 通过驻足场所吸引力的提升，延长居民活动时间。相应地，对社区空间的主动式健康干预应从优化步行环境和提升场所吸引力两方面入手。

一是优化步行环境。

a 道路连通

连通性衡量的是路网体系中点对点出行的难易程度，连通性高意味着到达目的地的出行距离更近、出行时间更短且拥有更多样的路线选择。通过构建完善的道路系统、选择合适的路网密度、确保道路的连续畅通，加强无障碍环境建设等措施，能够使得出行更加便捷，步行忍耐时间内可达的范围更广，从而提升居民步行出行的意愿，身体活动量也随之增加。

b 环境安全

对社区安全隐患的感知会影响居民出门进行身体活动的水平，包括过快的行驶车速、昏暗的社区环境、欠佳的治安管理，都会造成出行不安全的主观感受。应当采取人车分流、交通稳静化等措施减少交通危险，通过硬件建设和管理两重手段避免违法犯罪的发生，创造安全可靠的社区户外出行环境。

c 空间宜人

行人相对汽车有着较慢的运动速度，有着更广的视域范围，能够观察到更多细节，对出行环境的美学需求大于对出行效率的追求。尺度宜人、可识别性强、具有视觉观赏性的空间环境能使人感到舒适和愉悦，有助于鼓励步行出行，引导居民在户外活动上投入更多的时间。

二是提升场所吸引力。

a 功能复合

通过社区功能业态的复合化改造，引导流动摊贩规范化经营，形成多元的生活服务圈，尽可能满足不同居民个性化的基本生活需求，吸引多样的人产生多样的活动，为居民出门活动提供更丰富的理由，激发潜在的活动需求。

b 布局均好

公平均好的公共活动空间体系，使得每个居民都能在一定距离内平等地享有户外活动的条件和机会，既能方便到达集中的组团绿地，也能享受宅前的公共空间，为活动的发生提供更多的可能性场所。

c 特色品质

通过提升活动场地抵抗不利天气的能力，设置高品质、全龄化的活动设施，打造全年全时可以使用且独具吸引力的驻足场所，将提升参与活动的舒适度和体验感。在特色景观和雕塑小品的打造上注重社区文化内涵的注入，唤醒居民的集体意识，促进邻里交往的社会性活动。

4. 本研究的健康社区概念界定

健康城市是目前世界发展的一大趋势，健康社区是其中最重要的抓手之一。经过梳理可以发现，目前国内外对健康社区建设的要求从关注物质环境拓展到精神环境，从减少疾病延伸到促进社区自身的韧性建设和自恢复力增强，在广度和深度上都有了较大的发展。将全生命周期理念引入健康社区的建设与管理具有十分重要的意义。

由于社区的组成和使用者都是人类这样一个生命体，从生命体的角度出发，社区也可以看作一个更大维度、更加复杂的生命体。因此，本书认为从生命体的角度出发，用全生命周期的理念来考虑健康社区建设是更贴近其发展本质的一种思考模式。全生命周期有两个层次的理解，一个是社区的诞生、成熟、衰败、复兴等生命演变过程，另一个则是社区的日常正常运转和应对突发事件等两个状态。本书主要关注第二个层次的健康社区建设相关情况，整体性、动态性、统筹性是“全周期管理”的显著特征。

本书将健康社区概念在时间维度上进一步拓展，将其定义为：不仅可以促进日常健康而且能够紧急应对各类突发公共卫生事件，以各类服务日常生活、促进身心健康等要素为特点的城市社区。

健康社区规划既关注日常健康体系的构建，也包含对突发公共事件的应对措施。主要通过对空间要素的管控和干预，以及合理科学的社区治理手段，引导日常的健康生活方式和具有归属感的社区文化精神场所营造。同时，引入全周期的建设和管理理念，有助于从更加宏观、全面的角度看待社区的各类营造和管理活动，从而从根本上、本质上、基底上提高社区本身的“健康”程度。

二、健康社区的既有标准与实践

（一）国际健康社区相关建设标准及实践

1. 美国疾病预防控制中心健康社区项目

美国疾病预防控制中心（Centers for Disease Control and Prevention，CDC）健康社区项目（Healthy Communities Program）于 2003 年启动，原名为阶梯社区（Steps Communities），2009 年 1 月更名为美国 CDC 健康社区项目[①]。主要通过协调社区内的机构或组织、卫生保健、学校与社会等主体联合行动，开展慢性疾病管理、运动引导等改善健康的各项工作。

据统计，慢性病影响了几乎接近一半美国人的健康，在死亡原因前 10 位中占了 7 位。美国疾病预防控制中心认为，一些可预防的健康危险因素，包括吸烟与二手烟、体育锻炼不足、空气和水环境不良、营养不均衡等，对许多慢性病的发生、发展与恶化有着关键性的影响。健康社区项目的建设旨在通过减少危害健康的因素来预防慢性病的发生，实现健康公平。

该项目通过建立全国网络，联合各组织（包括：① 美国慢性病防治机构领导协会（NACDD）；② 美国县市卫生官员协会（NAC-CHO）；③ 美国娱乐场所与公园协会（NRPA）；④ 公共卫生教育协会（SOPHE）；⑤ 美国基督教青年会（Y-USA）；⑥ 州卫生部门等），发动社区开展改善健康的各项工作。通过改变与居民日常生活密切相关的一系列场所——工作场所、学校、卫生服务场所和其他社区场所等，来改善居民健康状况。

该项目通过提供社区行动工具、制定行动指南、提供专项基金等三大类方式为

---

① https://www.cdc.gov/nccdphp/dch/programs/healthycommunitiesprogram/overview/

改善社区健康提供帮助。

（1）社区行动工具

社区卫生网络资源库——该网络资源库包括数百种计划制定指南、评估框架、传播材料、健康危险因素调查资料与统计报告、情况说明书、论文、关键报告、州和县项目办公室联系方式等，相互之间的链接非常便捷，功能强大，提供的信息非常丰富、全面。在美国 CDC 的网站上可免费使用。

社区卫生与小组评估工具（Community Health Assessment and Group Evaluation, CHANGE）是一种资料收集的工具，让联盟成员通过一种 5 分制的表格了解工作进展情况，看到具体的变化。社区问题确定后，通过实施健康相关政策、体制与环境改变策略，联盟成员能让社区发生群体水平的改变。使用这个工具，可获得多种好处：① 帮助社区成员强化合作原则；② 帮助确定联盟决策的形成过程；③ 让联盟成员在政策、体制与环境改变方面达成共识，确定社区需要优先解决的问题，制定社区行动计划；④ 更重要的是通过提供参与这些过程的机会，让社区成员增强主人翁意识，激励社区参与和合作[①]。该工具认为，每个社区都不同，但在发展和变化的过程中都有相似之处，主要体现在以下 5 个方面：承诺、评估、规划、实现、评价（图 2–1）。

图 2–1　CHANGE 工具使用的五大方面示意图
来源：程玉兰. 美国疾病预防控制中心“健康社区项目”简介［J］. 中国健康教育，2011，27（1）：69–72.

（2）行动指南

1）社区健康促进手册：促进社区健康行动指南（2008）。该指南提供了 5 项详细的社区健康策略，包括：

① 以社区为单元，改善Ⅱ型糖尿病成人患者血糖控制自我管理与教育；

---

① 程玉兰. 美国疾病预防控制中心“健康社区项目”简介［J］. 中国健康教育，2011（1）：69–72.

② 提升社区道路设施，以促进社区人群利用道路开展体育锻炼；

③ 加强与学校合作，增加儿童青少年体育活动时间；

④ 建立社区步行活动小组，增强社区人群体育活动；

⑤ 加强与医疗服务机构合作，加强吸烟人群的治疗服务。

2）促进健康公平：帮助社区处理影响健康的社会因素的方法（2008）。该指南由美国 CDC 社区卫生与项目服务部研究制定，在已有资源的基础上，提供补充信息和工具，并强调社区在制定、实施和评价社区促进健康公平干预措施中所获得的经验教训。

3）媒体沟通指南：社区健康促进参考资料（2008）。美国 CDC 研究制定的媒体沟通行动指南，旨在帮助社区建立与媒体的有效合作关系，并获得有价值的卫生新闻覆盖率。主要内容包括操作指南、小建议和撰写新闻稿的表格，媒体通告及其他与媒体沟通有关的资料；监测媒体覆盖率的方法；发布公共卫生服务广告的技巧和主持新闻发布会的技巧。

（3）专项基金

目前，美国已经有 52 个州 331 个社区参与了健康社区项目。主要包含以下 4 个子项目：① 社区健康战略联盟（Strategic Alliance for Health Communities, SAH）；② 健康、创新与环境改变的行动社区（Action Communities for Health, Innovation, and Environmental Change, ACHIEVE）；③ 健康社区先导（Pioneering Healthier Communities, PHC）；④ 阶梯社区（Steps Communities）。

2. 澳大利亚健康社区倡议与指标框架

英国知名在线医疗健康机构 Lenstore 发布了《2021 年健康生活方式城市报告》。澳大利亚的悉尼、墨尔本分别排名第二和第十一。澳大利亚的健康城市建设从 20 世纪 80 年代起步，经过几十年的努力，取得了良好的效果，其建设经验对我国健康社区的目标导向、指标体系设计等具有借鉴意义。2009 年的健康社区倡议，以及 2012 年悉尼发布的健康社区指标框架从健康、安全和包容性、文化多样性、公众参与、经济活力、可持续发展等 5 个维度，提出了健康社区的建设内容。

澳大利亚健康城市建设强调社区的参与，在社区健康组织的推动引导下，开展了为期 3 年（1987～1990 年）的健康城市实验计划[①]。社区、学校、政府资助的卫

① 何志辉，陈霄，赵旭钦，孙倩．国内外健康城市建设实践进展与启示［J］．华南预防医学，2019，45（4）：398-400.

生机构以及其他社会组织紧密合作，开展各项健康活动，目的是让社区内每个人都能过上积极健康的生活。2009 年澳大利亚卫生部提出健康社区倡议（Healthy Communities Initiative，HCI），地方政府以社区为基础，提供有效的体育活动，实施健康饮食计划，并制定了一系列支持健康生活方式的政策[①]。

澳大利亚原住居民死亡率最高的是心脏病、糖尿病、下呼吸道疾病、肝脏疾病，这些疾病有着共同的出现原因，如肥胖和超重、烟酒的摄入、营养不良、缺乏身体活动等。据此，澳大利亚政府提出了一系列以社区为基础的健康促进项目，并得到地方政府所辖社区的响应，其中肥胖预防活动是各社区较为注重的一部分。2009～2014 年，澳大利亚政府提供了大量资金用于支持澳大利亚全境 92 个地方政府开展肥胖预防活动，直至 2014 年，已经有包括国家心脏基金会在内的 6 个机构制定了以社区需求为基础的健康生活计划并有序推进实施。

2012 年悉尼发布的健康社区指标框架，是以维多利亚社区指标（Community Indicators Victoria，CIV）为基础架构，联合悉尼科技大学可持续研究所和墨尔本大学 McCartney 研究中心共同研究构建的。健康社区指标体系的构建突出了健康、安全和包容性，其宗旨是建立充满活力、有韧性以及可持续发展的社区，让所有社区成员身心健康，有幸福感，成员之间联系紧密且能获得相应的社区服务。指标的选择遵从了 13 项原则：① 对社区的发展有意义且有价值；② 来源于理论研究并受专家认可；③ 可衡量社区发展的可持续性以及社区进展情况；④ 能够进行问题早期预警；⑤ 可被当地政府使用；⑥ 可以长时间检测和衡量结果的发展趋势；⑦ 有稳定可靠的数据来源；⑧ 可按人口结构进行分类；⑨ 可以针对相关辖区进行基准测试；⑩ 方法可靠；⑪ 简明易懂；⑫ 向大众咨询后得到支持的意见；⑬ 与政府其他关键指标的价值取向一致。在上述原则指导下，健康社区指标体系从健康、安全和包容性、文化多样性、公众参与、经济活力、可持续发展 5 个方面进行构建，涵盖了 101 项指标（图 2–2），指标数据来源于地方调查记录、国家人口统计局以及健康调查数据，且为 10 年以上的时间序列。

---

① 何志辉，陈霄，赵旭钦，孙倩. 国内外健康城市建设实践进展与启示［J］. 华南预防医学，2019，45（4）：398–400.

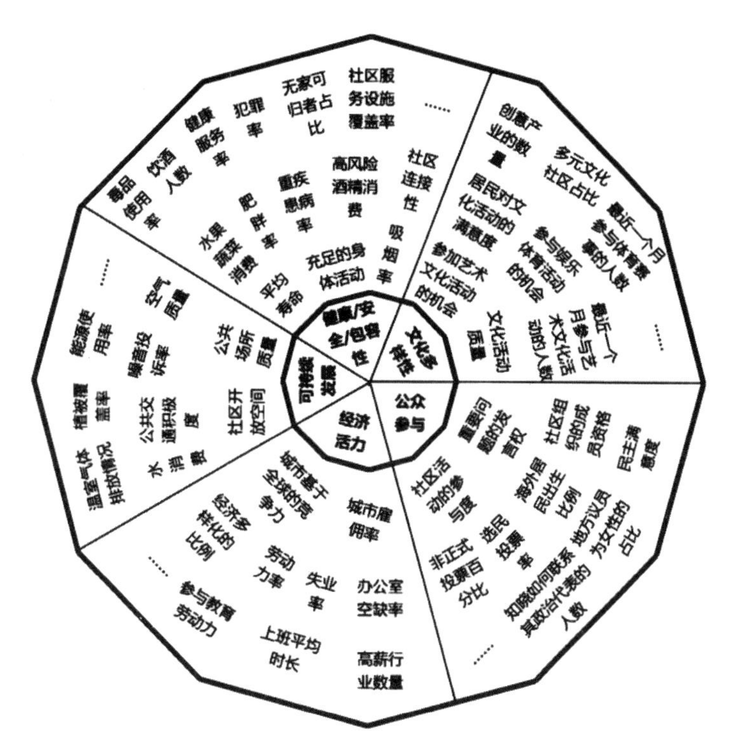

图 2-2 悉尼健康社区指标框架

来源：翁顺灿，陈春，于立．澳大利亚健康社区建设经验及对我国的启示［J］．城市建筑，2019，16（4）：77-81.

3. 东京都世田谷区生活支援网络

日本早在 20 世纪 70 年代就进入了老龄化社会，预计到 2055 年日本人口的老龄化比率将达到 40% 左右。基于老龄化的迫切需求，日本从 20 世纪 70 年代起就加强了相关的保障体系建设，最终构建了地域福祉体系，成为日本社区建设的一大特色。那么什么是地域福祉呢？上野谷加代子曾把其定义为："建设一个任何人都可以在住惯了的地域社会里，保持与家人、邻居、朋友、熟人等的社会关系，最大限度地发挥其个人自身的能力，作为家庭成员和城市里的一个居民，过属于自己的、不失自尊的普通生活（过日子）的状态。"日本社会事业大学的大桥谦策提出："在地域福祉的主流化的时代中，我们将其具体化来看就是，在地域社会中，发现需要支援的居民，居民之间进行相互支援的活动等，重新构筑一个地区居民链接，实现一个相互支持的体制。"

基于上述情况，厚生劳动省提出了建立地域生活支援网络，其主要目标：一是让社区中所有人都安全、安心地生活；二是基于地域中协作互助的意识上的福祉支持网的实现，使各种资源得到有效整合。而作为系统核心部分的地域综合支援中心的宗旨就是形成一个区域网络，让老年人、残疾人等福祉目标群体在已经居住习惯的社区里，不论什么时候都能安全地、安心地生活。该网络的组织机制是：① 发现及通报居民异常情况；② 使居民融入社会，建立安全、畅通的社会沟通和交往；③ 必要的生活支援。地域综合支援中心，实际上就是老年人及其家族的综合商谈窗口，各自负责所辖地区事务。在地域综合支援中心，配备了社会福祉士、主任管理者、保健师等专门职位，由专业人员负责管理。其主要的业务包括：对老年人福祉相关的内容进行综合协商；掌握社区内老年人及其家族的生活状况和需要；对保健福祉服务的介绍和调整，与相关的民生委员及介护负责人联络；向市一级提交申请书，申请代办；福祉用具的展示及介绍；与照顾计划相关的商议；对照看管理者的援助，老年人受虐待的早期发现并力图防止等。

地域生活支援网络是一种在一个体系内集合了“介护、住所、医疗、预防、支援”为一体的网络构想。它是以 30 分钟可活动范围为一个地域，通过完善这 5 项内容，来达到生活支援网络建立的目的。

东京都下辖 23 个区，27 个市，5 个町，8 个村以及伊豆群岛和小笠原群岛，总面积 2155km^2，东京都人口约 1264 万，是世界上人口最多的城市之一。世田谷区位于东京西南部，占地面积 58.08km^2。世田谷区的地域建设主要以居民为主体，并在地域活动团体、非营利组织（NPO）、事业者等的共同协助下推动发展，是最先导入居家医疗，定期巡回、随时应对型访问介护护理的地区，并通过非营利组织（NPO）、企业、大学、行政等 70 多个团体的联合、共同协作，创造出了老年人社会参加场域等，是在全国生活支援网格构建方面的突出地区。

世田谷区的生活支援网络建设拥有着将住所、医疗、介护、预防、生活支援这 5 个要素平衡融合的一种特殊组织形式。

1）医疗方面。为了充实居家养老与医疗的合作体制，建立了“联络会”等相关机构，使得福祉同医疗有效地联系起来；通过“照护管理点”以及“医疗介护联合站”实现福祉和医疗的信息共享。这些机制都是以由医疗相关人员和福祉管理员等组成的世田谷区医疗联合推进协会来推进的，这一举措使得福祉与医疗有效地结合起来，更加有利于养老医疗体系的不断完善。

2）介护方面。为了使老年人安全、安心的居家生活得以实现，世田谷区推进定期巡回、随时应对型访问介护护理的利用，并且积极发展相关福祉介护产业。访问介护在日本早已实施多年，但也存在一定的局限性。推进定期巡回访问制度可有效掌握老年人居家情况，随时应对型访问介护可有效地降低居家老人的不安感。此外，介护相关产业的完善和丰富也在不断达成老年人的各类需求。

3）预防方面。通过参与社会活动来建立介护预防型的老年人居住环境与社会参与。例如充分利用咖啡店、大学这类场所等来丰富老年人的社会生活，积极促进老年人的社会参与。此外，还有专门的康复人员到生活机能低的人家中进行动作指导和环境改善等，有效地达到预防型介护养老的目的。

4）住所方面。通过社会资源的有效利用，确保低收入老年人的居住环境。将区内的老年人中心民营化，对外开放日间照料、短期入住的都市型廉价老人院等。吸引外部社会资源更有利于老年中心的发展，对外开放的形式也使得更多的低收入老年人能够居住在更好的环境中。

5）生活支援方面。为了充分利用公共服务以外的地域活动和资源，利用废弃住宅和房间进行地域活动。例如居民志愿者团体、社会福祉协议会提供生活支援服务、组织地域活动等。这一举措使得废弃的资源得以更加合理化的应用，可谓一举多得。

日本在福祉社会构建过程中，将社区、行政自治体、民间团体等多重个体通过合作形成一个生活支援网络，实现了社会资源的整合，有效地保证地域内需要帮助的对象得到有效的支援。然而，在实现这一共同体构建的过程中也面临着以下几方面的挑战。

1）协作挑战。这一挑战不仅是政府与企业、组织间的，也是个人与社会之间的协作挑战。单纯的政府导向是无法实现真正的协作的，如何激励群体来用心经营，共同实现支援网络的建设是真正需要思考的问题。另外，并不是所有居民都能够产生共同参与的意识，如何调动更多的人参与，也是一大挑战。

2）沟通挑战。在地域内，如何能够让所有的参与者都有平等的机会来参与、选择、演说和行动，又是谁能够在中间做到很好的沟通协调工作，这是一个很大的难题，对沟通协调者的能力和意识要求都很高。

3）共赢挑战。该项工作需要政府、家庭、社会的共同努力，只有在共同利益的驱使下才能够更好地发展和完善下去。要实现协作，无论是针对居民还是针对民间团体，要搞清其目标和方向，达成共识后，才能使得资源得以最大化的利用，实现利益共赢，从而促进地域和谐发展。

（二）我国日常健康社区相关建设标准及实践

1.《健康社区评价标准》出台实施

2017年10月18日，习近平同志在党的十九大报告中提出了“健康中国”的发展战略："人民健康是民族昌盛和国家富强的重要标志。要完善国民健康政策，为人民群众提供全方位全周期健康服务。"（图 2–3）

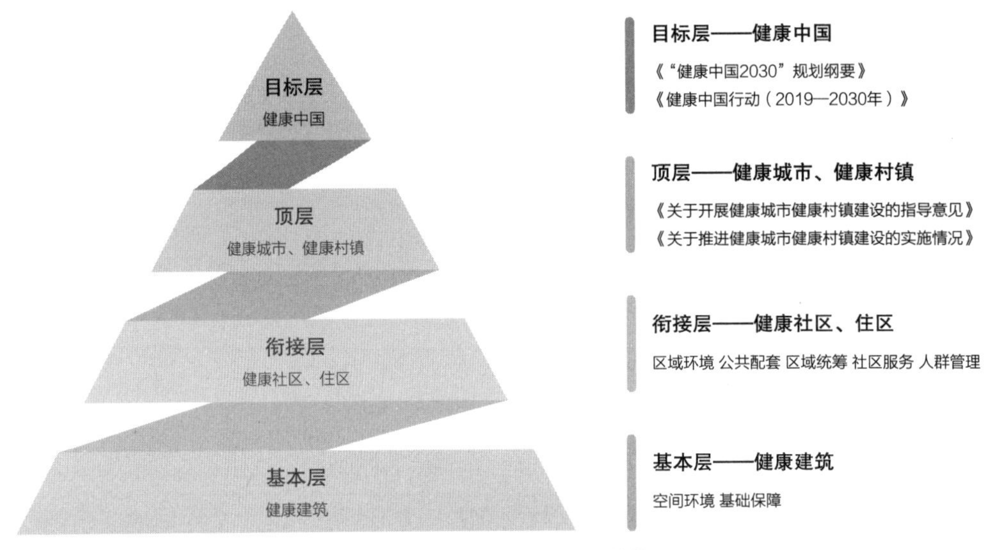

图 2–3　健康中国建设体系结构

经过近几年的逐步完善，健康中国体系逐步发展完善，形成了从宏观到微观，从国家整体目标到具体建筑设计的完整指导意见。目前，政府已经出台或在编了"健康中国""健康城市""健康村镇""健康社区""健康建筑"等相关政策或规范要求。其中"健康社区"作为承上启下的标准体系，对于从"健康城市"层层落实并最终实现"健康建筑"有着至关重要的作用。

2020 年 3 月，《健康社区评价标准》T/CECS 650—2020　T/CSUS 01—2020 正式发布，9 月 1 日起正式实施。该标准将健康社区评价分为设计评价和运营评价两个阶段。设计评价应具备以下条件：社区应具有修建性详细规划；社区内获得方案批复的建筑面积不应低于 30%；社区应制定设计评价后不少于 3 年的实施方案。运营评价应具备以下条件：社区内主要道路、管线、绿地等基础设施应建成并投入使用；社区内主要公共服务设施应建成并投入使用；社区内竣工并投入使用的建筑面积比例不应低于 30%；社区内应具备运营管理数据的监测系统。

健康社区评价指标体系由结果指标导向即空气、水、舒适、健身、人文、服务 6 类指标组成，每类指标均包括控制项和评分项，评价指标体系统一设置加分项。另外，设 1 类加分项指标，即创新。为实现以上 6 项指标达标，标准提出了健康社区应在环境绿化、体育健身设施、公共空间、垃圾处理等基础设施、社区治理及安全管理等方面展开标准化建设（表 2–1）。

健康社区评价标准体系 表2-1

评价类型	控制项	评分项
空气	① 环境绿化；② 废气控制；③ 禁烟；④ 垃圾处理；⑤ 污染防护距离；⑥ 污染排放监测	① 污染源控制；② 大气污染浓度限值；③ 空气质量监控；④ 绿化率及乔灌木比
水	① 饮用水水质；② 二次供水设施安全；③ 非传统水源系统管道和设备管理；④ 排水标准	① 各类水体水质控制；② 水安全；③ 水环境
舒适	① 噪声防护；② 生活、施工、周边工业企业噪声标准；③ 光污染；④ 人工照明标准；⑤ 日照时数	① 噪声控制与声景；② 光环境与视野；③ 热舒适与微气候
健身	① 健身运动场地；② 免费健身设施数量；③ 健身场地铺装材料	① 体育场馆；② 健身空间；③ 游乐场地
人文	① 安全要求；② 绿化无害要求；③ 无障碍系统；④ 居规民约	① 交流场地；② 心理健康建设；③ 适老适幼
服务	① 健康社区管理制度；② 垃圾收集站和转运站；③ 医疗卫生设施；④ 物业管理	① 管理制度；② 食品安全管理；③ 活动组织
加分项	加分标准	
创新	① 绿色建筑占比；② 健康建筑标识建筑占比；③ 健康信息服务平台或应用程序；④ 社区小型农田；⑤ 个性化健身指导系统；⑥ 灵活应急功能空间设置；⑦ 其他提升社区健康性能的创新	

2. 上海“15 分钟社区生活圈”及建设

2016 年，上海发布全国首个《15 分钟社区生活圈规划导则》。2017 年，率先提出打造“15 分钟社区生活圈”，按照习近平总书记提出的“人民城市人民建，人民城市为人民”的重要理念，在市民 15 分钟步行的范围内，建设“宜居、宜业、宜游、宜学、宜养”的社区生活圈，努力推动实现幼有善育、学有优教、劳有厚得、病有良医、老有颐养、住有宜居、弱有众扶。

2016～2019 年，上海市启动了实施“共享社区、创新园区、魅力风貌、休闲网络”四大城市更新行动计划。2019 年起，上海选取 15 个试点街道全面推动“社区生活圈行动”，针对空间品质和社区治理两大短板，聚焦规划空间统筹和资源政策供给，尤其充分运用“城市体检”等空间信息化手段为社区“问诊把脉”，重点提升教育、文化、医疗、养老、体育、休闲及就业等设施的配建水平和服务功能。

2019 年，自然资源部在总结上海、北京等地在社区生活圈规划方面实践经验的基础上，启动了《社区生活圈规划技术指南》[①] 的编制工作（表 2-2）。2020 年，自然资源部将上海“15 分钟社区生活圈”作为国家“多规合一”改革创新内容，纳入“部市合作”框架，结合 2021 上海空间艺术季的举办和《社区生活圈规划技术指南》的实施，进一步把相关理念和行动向全国推广。

① 《社区生活圈规划技术指南》TD/T 1062—2021，2021 年 6 月 9 日发布，2021 年 7 月 1 日实施。

《社区生活圈规划技术指南》TD/T 1062—2021中城镇社区生活圈配置要求　表2-2

要素层级	要素类型	要素内容	配置层级
基础保障型服务要素	夯实社区基础服务	健康管理、为老服务、终身教育、文化活动、体育健身、商业服务、行政管理和其他设施	“15分钟、5～10分钟”两个层级
	提供基层就业援助	社区就业服务中心	15分钟社区生活圈
	保障基本居住需求	保障性住房	15分钟社区生活圈
	倡导绿色低碳出行	高密度慢行网络、公交车站	15分钟社区生活圈
	布局均衡休闲空间	休憩空间	“15分钟、5～10分钟”两个层级
	构建社区防灾体系	避难场所、应急通道和防灾设施	“15分钟、5～10分钟”两个层级
品质提升型服务要素	提供多元社区服务	健康管理、为老服务、终身教育、文化活动、体育健身、商业服务等	“15分钟、5～10分钟”两个层级
	合理有序配置停车	停车空间及差异化的停车管理办法	“15分钟、5～10分钟”两个层级
	塑造宜人空间环境	绿色开放空间网络、口袋公园、尺度宜人的活动场地和丰富的活动设施	“15分钟、5～10分钟”两个层级
特色引导型服务要素	打造具有附加功能的特色社区	灵活就业和创新创业空间、青少年活动设施、居家养老服务设施、健康管理和养生保健设施、文化展示场馆和体育运动场馆等	“15分钟、5～10分钟”两个层级
	构建面向未来的社区生活场景	运用智能化手段，改善服务要素的空间布局和服务效能	“15分钟、5～10分钟”两个层级

注：1. 15分钟层级。宜基于街道社区、镇行政管理边界，结合居民生活出行特点和实际需要确定社区生活圈范围，并按照出行安全和便利的原则，尽量避免城市主干路、河流、山体、铁路等对其造成分割。该层级内配置面向全体城镇居民、内容丰富、规模适宜的各类服务要素。

2. 5～10分钟层级。宜结合城镇居委社区服务范围，配置城镇居民日常使用，特别是面向老人、儿童的基本服务要素。

上海15分钟生活圈体现了社区治理意识的多维度转型，其设施建设标准有以下几个特点：一是设施指标体系以保基础和提品质兼顾公平性和差异性；二是基于新生活趋势引导进行了设施类型的完善；三是布局选址实现了弱势群体和公益活动服务半径优先原则。

小结：在上海15分钟生活圈的总体建设目标中，与“健康”相关的占到了一半以上，包括老幼日常生活的健康保障、看病就医的医疗保障以及生活环境的健康保障等，体现了对人民生活健康的足够重视，但在建设指引中，尚未单独提出紧急公共卫生事件下的相关建设要求。

3. 广州市多元主体协作的健康社区治理探索[①]

随着我国社会治理工作重心下移，社区成为第一线。在突发公共卫生事件时许

① 袁媛，何灏宇，陈玉洁. 面向突发公共卫生事件的健康社区治理［J］. 规划师，2020，36（6）：90-93.

多基层社区缺乏应对经验，大多社区仍沿用传统的管理思维和模式，出现了社区人员工作压力大、物资保障困难、组织管理不畅等问题。不同社区组织建设、管理水平、人口结构及关系网络存在较大差异，在非常时期，传统管理思路无法实现社区的差异化和精细化管理。广州市在多元主体协作的健康社区治理方面作出了一定的探索，主要包括基于居委会主导的健康社区治理和基于第三方组织的健康社区治理两类案例。

（1）基于居委会主导的健康社区治理

广州市北京街都府社区以居委会为主导，主要负责摸查居民健康现状，并动员社区工作者、在职党员参与健康社区治理。首先，居委会充分利用该社区党员和社区工作者的数量优势，积极调动社区内部民间力量，组建专业治理队伍参与社区疫情排查。其次，采用“微治理”模式，提高组织管理化水平，健全社区“微服务”体系。社区采用网格化管理，划分 6 个社区健康支部网格，在每个网格支部分别安排社区医生、社区民警和居委会工作人员组成“社区力量三人组”（图 2–4），上门走访网格居民，及时了解居民需求并反馈至居委会，该模式得到了广东省卫健委的高度肯定。最后，对流动人口进行引导和健康监测服务。居委会按照越秀区的要求派“社区力量三人组”上门对相关人员的健康情况进行检测，主动为来穗人员发放建档立册二维码，引导居民主动上网申报健康状况。

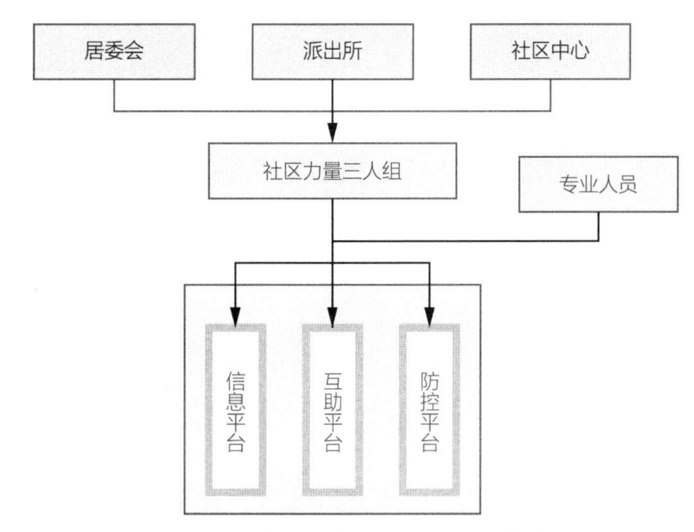

图 2–4　都府社区“社区力量三人组”关系

（2）基于第三方组织的健康社区治理

在社区治理的语境下，第三方组织是以市民社会为基础的中立组织，一般由不同知识背景但追求共同利益的人群组成，在参与治理过程中以解决问题为目标，以协调和监理为手段，合理平衡各方利益。社区中常见的第三方组织有社区有限公司、基金会等。本书以广州市社会服务发展促进会（以下简称“社促会”）为例探讨这一模式。社促会作为链接居民和企业的桥梁平台，不仅发挥自身价值帮助社区中的弱势群体，还联动更多社会组织共同参与社区防治工作。社促会的社工站协助居委会工作，为社区居民尤其是居家人士和部分行动不便的居民提供线上线下的社区服务，解决物资匮乏等问题，优化了社区服务功能。例如，在黄埔区穗东街，社工线上对有关接触者进行每日电访慰问和心理疏导，线下则有针对性地解决线上沟通所收集的居民需求，如联系医生为有需求的居民上门服务，为独居老人申请生活物资紧急援助等。社促会联动多方社会力量，向企业和社会征集社区工作所需要的口罩、酒精等防护物资与生活物资，如广州市慈善会为社工服务站购置防疫物资提供资金支持、爱心企业为居家居民提供午餐。另外，社促会还配合广州市社会工作协会倡导社工行业开展“广州社工红棉守护行动”，推动了社会力量参与社区治理的制度化。

小结：面对突发公共卫生事件，社区治理要以人为本，满足居民尤其是弱势群体的物资保障、卫生健康和社区安全等需求；健康检测、物资调度等信息公开透明有助于协助居民实现有效的自我预警与防御。而这一切需要拥有专业治理能力或丰富社区生活经验的多元主体协作，及时且有针对性地做出响应。建构多方协作的社区治理机制能够有效降低时间成本，是推进健康社区建设的重中之重。

4.“老幼友好”导向的广州市三眼井社区建设

三眼井社区改造面积为 9.08hm^2，常住人口约 9774 人，60 岁以上老人有 3098 人，占常住人口的近 1/3。三眼井社区得名于古代社区里的三口古井，现已消失。现状社区中大部分建筑建成于 20 世纪八九十年代，约有 60 栋老旧楼宇。

由于在早期居住区规划时没有特别考虑老幼群体的需求，以及老旧小区存在人口密度高、绿地率低、缺少适老化设计和儿童设施设计等问题，老幼群体无法共同使用公共空间，减少了与其他居民之间交流和共享资源的机会。2016 年，广州率先开展老旧小区微改造工作，强调对社区现状空间的修补与完善，兼顾空间效能和社会民生，以提高群众获得感、幸福感与安全感为目标。2019 年底，广州市组织三眼井社区微改造，拟从文化景观、安全街道、全龄服务设施、公共空间等维度打造三眼井健康社区。

根据访谈和实际调研，设计单位总结了三眼井社区存在的主要问题：一是慢行系统不完善，影响老幼群体的安全。现状主街车辆虽然较少但是速度较快，老人和儿童行走在主街上缺乏安全感。共享单车、电动自行车占道问题严重，日常婴儿车、老年人轮椅难以通过。二是社区的特征、可识别性有待加强。三眼井社区以前曾是客家文化集聚地，但随着城市化的发展，这些民俗文化并没有保留的条件和支撑空间，社区空间缺乏可识别性。三是缺乏体验感强的空间。虽然约 80% 的受访老人和儿童每周会到访社区公共空间 3～4 次，但儿童在三眼井社区公共空间中探索的愿望不大。四是缺乏全龄段的户外空间。社区内缺乏老幼共同活动的户外公共空间，只能进行散步等运动量较小的休闲活动。

设计单位提出了有所赏、有所行、有所养、有所乐、有所助的“五有”社区规划理念。一是有所赏，打造既能讲述故事又贴近群众的文化景观；二是有所行，形成老幼群体无障碍通行的安全街道；三是有所养，建设全龄友好的社区服务设施；四是有所乐，为孩子提供充满趣味的玩乐场所；五是有所助，结合社区公共空间的运维，引导孩子和老人积极参与健康社区的营造，在共同缔造中与社区一起健康发展。为了践行上述规划理念，通过以下设计方案进行具体落实。

1）老幼场所微改造。为满足老幼日常活动需求，三眼井在社区微改造中重点营造了口袋公园、全龄公园、顽皮乐园等老幼友好公共活动空间。其中，口袋公园注重历史文脉的引入和展现；全龄公园配套满足不同年龄段居民活动需求的活动设施，并作为社区举办各类活动的主要场所；顽皮乐园则专门服务于社区儿童，打造优质的趣味性游乐空间。另外，规划还对社区内的街角绿地进行了优化，如在原有绿化的基础上增加了阶梯式草坡等设计，为绿化空间叠加社交功能，有利于社区居民的交往和身心健康的促进（图 2-5）。

2）构建安全出行的共享街道。规划在主街拓宽人行道，设计为共享街道并实现人车分流。重要节点围绕社区主街进行布局，为行动不便的老人和需要照顾的儿

图 2-5　顽皮乐园改造前后示意图

图 2–6　共享街道改造前后示意图

童提供便捷的通道以到达各种老幼友好节点和设施。良好的步行环境满足了老年人与儿童散步的需求，并使街道成为交往空间，有助于增加社区凝聚力（图 2–6）。

3）基于可识别性的出入口优化。依据老幼需求，优化社区主入口的可识别性与安全性。结合立体绿化对入口展墙进行美化，缩小现状雕塑等构筑物的体量，增加主入口空间的开阔度和可识别性。在路面增设防滑设施，以防止下雨或路面湿滑而发生意外；在墙角转弯处增加圆形的扶手，在人行道与车行道之间设置无障碍缓坡，方便老年人、轮椅和婴儿车行走，增强安全性。

4）建立以政府为主导的治理框架。三眼井社区以政府为主导，依托以在职党员为核心的共建共治共享协商委员会（以下简称“委员会”）开展社区治理。广州市住建局、越秀区政府组织多个设计单位策划三眼井社区的微改造方案，居委会充分利用大量社区党员和社区工作者，积极调动社区内民间力量，基于社区特征和老幼友好视角对微改造方案提出意见。唤醒行动主体的参与意识，引导本地居民积极参与社区营造。2020 年 10 月，广州市住建局、广州市越秀区政府、广州美术学院等单位组织“寻访黉桥——洪桥街艺术介入微改造工作坊”活动，通过艺术活动、现场涂鸦等形式描绘三眼井社区的历史场景，激发本地居民参与社区微改造的兴趣。采用“微治理”的方式，利用“越秀人家”等 App 组织党员活动，向社区居民宣传老幼友好的微改造理念，唤起社区居民老幼友好意识，动员委员会成员参与社区微改造，了解社区营造的意义及操作方式。

小结：广州市三眼井社区提出共享街道理念，并通过老幼友好公共空间的营造和空间组织，建构了社区老幼友好的公共空间体系，保障了老幼群体日常活动需求，有效促进社区老幼健康发展，为老幼友好的健康社区微改造提供“广州经验”。

（三）突发公共卫生事件下的健康社区应对研究

目前健康社区实践大多集中于常态下的静态层面的健康社区构建，包括提出一系列标准和措施，对个人的日常健康生活方式的引导、对社区硬件投入的引导等；对于特殊时期的健康社区及其韧性的建构目前还处于探索阶段。

学界开始关于应对突发公共卫生事件的重新思考，尤其在社区中观层面的讨论逐步增多。从视角上可以将相关研究分为空间干预视角、危机管理视角和社会治理视角等。

空间干预视角是通过对空间要素的管控和干预来预防和控制各类突发公共卫生事件。王兰等提出应从公共卫生事件中的三个环节，即传染源、传播途径和易感人群出发，制定空间干预策略，从社区、关键设施空间尺度提出具体防控手段（图 2-7）[①]，并指出要在 15 分钟生活圈内构建健康社区[②]。杨俊宴等进一步提出要在高密度城市中从城市、社区、建筑三个尺度构建防疫体系并辅以智能化疫病监控预警机制[③]。

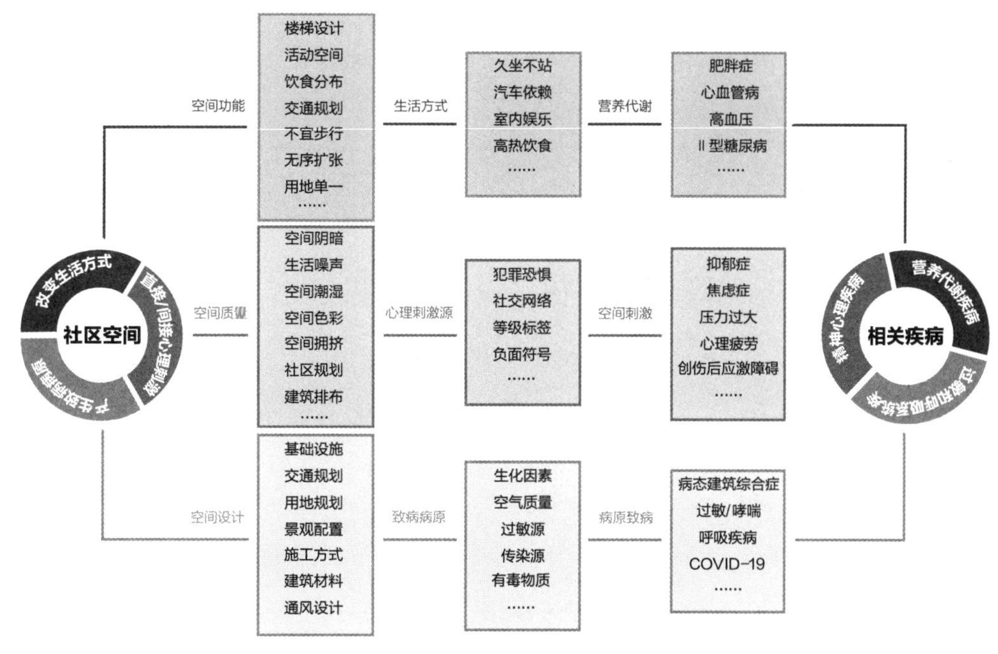

图 2-7　与城市建筑空间相关的主要疾病类型示意图

来源：李煜，梁莹．防疫社区规划——平非结合的健康社区设计初探［J］．建筑技艺，2020（5）：25-29.

---

① 王兰，贾颖慧，李潇天，等．针对传染性疾病防控的城市空间干预策略［J］．城市规划，2020，44（8）：13-20，32.

② 王兰，李潇天，杨晓明．健康融入 15 分钟社区生活圈：突发公共卫生事件下的社区应对［J］．规划师，2020，36（6）：102-106，120.

③ 杨俊宴，史北祥，史宜，等．高密度城市的多尺度空间防疫体系建构思考［J］．城市规划，2020，44（3）：17-24.

危机管理视角指的是通过运用危机生命周期理论，从疫情或更大范围上的灾难的各个周期阶段对城市规划的应对措施提出建议。高亚楠等从无灾、灾前、灾中、灾后 4 个阶段分别提出空间规划应对措施，并总结了防灾型健康城乡空间的体系所包含的内容①。李云燕等从传统中医哲学“治未病”理念出发，将其“未病先防、欲病先治、既病防变、病愈防复”的思想运用到城市灾害的发生、形成、发展、灭亡 4 个阶段中，提出了城市空间安全韧性随灾害演变过程动态应对的原则和思路（图 2-8）②。

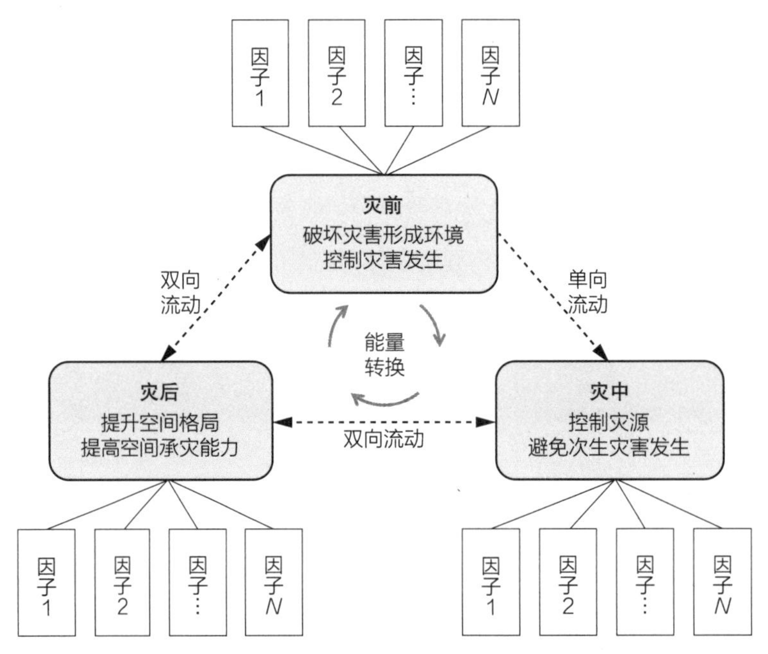

图 2-8　危机发生阶段及应对措施示意图

来源：李云燕，赵万民．山地城市空间适灾研究：问题思路与理论框架［J］．城市发展研究，2017，24（2）：54-62.

卿菁提出要从防控初始阶段、升级阶段、控制阶段 3 个阶段出发，强调疫情防控全周期的“常态+应急”的动态化管控③，重构疫情风险防控“全周期管理”机制，其中常态机制是未发生公共危机时的治理体系运转与能力建设，应急机制则是应对危机的主动积极应变和有效应对（图 2-9）。

---

① 高亚楠，胡小稳．应对突发性公共卫生事件的防灾型健康城乡空间规划探索［J］．城市发展研究，2020，27（9）：6-11，18.

② 李云燕，李壮，彭燕．“治未病”思想内涵及其对韧性城市建设的启示思考［J］．城市发展研究，2021，28（1）：32-38.

③ 卿菁．特大城市疫情防控机制：经验、困境与重构：以武汉市新冠肺炎疫情防控为例［J］．湖北大学学报（哲学社会科学版），2020，47（3）：21-32.

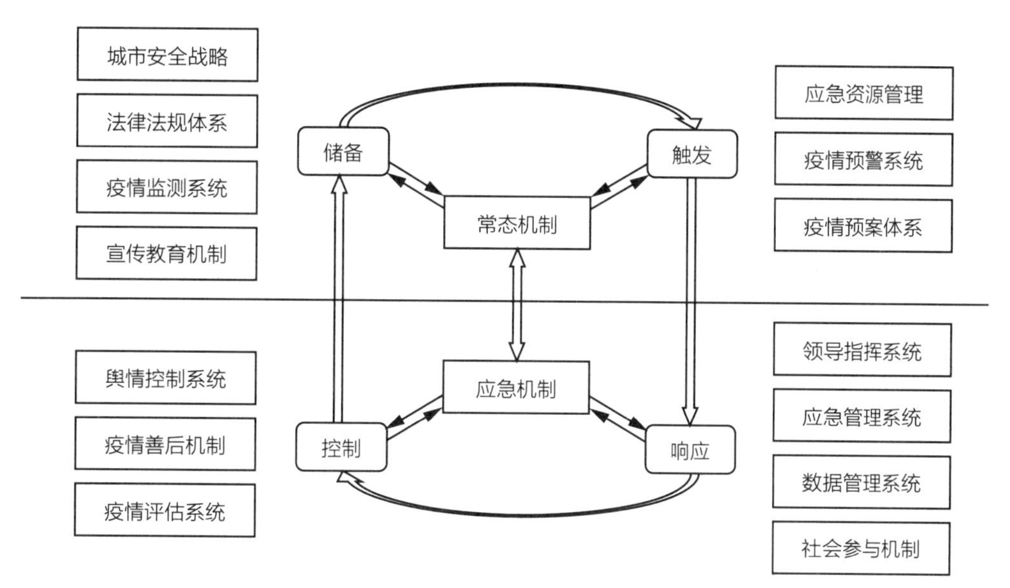

图 2-9　疫情防控“常态＋应急”动态融合发展机制

来源：卿菁．特大城市疫情防控机制：经验、困境与重构：以武汉市新冠肺炎疫情防控为例［J］．湖北大学学报（哲学社会科学版），2020，47（3）：21-32.

社会治理视角指的是面对突发公共卫生事件时，将社会治理的重心下沉到基层社区层面，通过一系列手段提升社区的治理能力。作为最基本的健康防疫单元，社区层面的治理是学界讨论的焦点之一。袁媛等提出建立多元主体协作的健康社区治理机制来应对突发公共卫生事件①。刘佳燕总结了国内外相关经验，对社区防疫规划和治理体系提出相关改进建议②。

（四）小结

从国内外既有的社区建设理论研究和实践中可以看到，目前健康社区相关研究和建设实践关注的主要方面涉及居住、服务、交通、文化、安全和有效治理等多个方面，涉及层次从物质空间到精神空间，从儿童到老人，从环境美化到治理能力提升，可以说，全方位、全流程的社区建设已经深入人心。

突发公共卫生事件让人们再次深刻认识到社区建设中相关应对举措的重要性，而在相关探讨中，对城市防疫体系构建的原则和思路研究居多，对社区具体该如何应对的措施偏少，对健康社区治理层面研究居多，对社区空间层面的具体措施研

① 袁媛，何灏宇，陈玉洁．面向突发公共卫生事件的健康社区治理［J］．规划师，2020，36（6）：90-93.
② 刘佳燕．新型冠状病毒肺炎疫情背景下社区防疫规划和治理体系研究［J］．规划师，2020，36（6）：86-89.

究偏少。值得注意的是，各类研究开始将时间维度引入健康社区体系构建中。因此，以全生命周期的理念来思考健康社区的建设和管理值得我们深入探讨并付诸实践。

三、新时期健康社区规划体系构建及规划策略

（一）健康社区规划体系构建

1. 新时期健康社区的建设目标

随着生产力的发展和人民生活水平的不断提高，中国城镇化建设进程从建筑、产业本位走向居民、社区本位，社区逐渐成为“健康城市”实施的重要单元。2016年，“健康中国 2030”战略提出后，许多城市纷纷作出响应，明确健康社区是“健康中国”战略实施的重要抓手，将健康目标的顶层战略布局进行自上而下的层级传导，并在基层社区予以落实。

人们珍惜健康，更加重视更具吸引力和安全感的社区建设，包括社区环境品质更优、公共服务覆盖水平更高、社区各项基础设施和基本保障更完善、社区管理更智慧，从而获得更高的幸福感和归属感。

基于此，本书认为应通过健康社区的建设，引导日常的健康生活方式和具有归属感的社区文化精神场所营造，同时预防、控制和应对各类突发公共卫生事件。基于打造以人为本、健康生活的愿景，构建兼具常态和突发事件应急处置能力的健康社区规划体系，制定适居、易行、宜享、乐活、平安、善治 6 个分目标。

一是适居，即提供舒适健康的生活环境。从人的居住需求出发，以“舒适居住、健康生活”为目标，提升住宅建筑舒适度，改善居住空间环境品质。

二是易行，即提供绿色便捷的交通环境。从人的出行需求出发，以“便捷顺畅、绿色安全”为目标，营造对外联系便利、内部运行有序、步行环境友好的出行环境。

三是乐活，即提供精准完善的服务体系。从人的生活需求出发，以“全民友好、精准服务”为目标，配置优质公共设施，提供高质服务，满足精准需求。

四是宜享，即营造人文关怀的社区氛围。从人的休闲需求出发，以“睦邻友好、魅力多元”为目标，完善社区文化精神空间，延续市井生活氛围，提供品质宜人的公共空间和丰富多样的文体服务。

五是平安，即构建安全放心的社区环境。从人的安全需求出发，以“平疫结合、韧性高效”为目标，提供卫生的公共环境、安全的食品市场、可靠的治安系统、完善的消防系统，以及具有韧性的弹性公共空间和应急系统，完善相关机制。

六是善治，即建立和谐高效的治理体系。从社区的管理需求出发，以“融合共治、智慧高效”为目标，建设多元参与的组织架构、互联互动的管理机制、功能集成的信息管理系统和智慧服务系统。

2. 新时期健康社区的维度建构

如果说，近年来国内外注重日常健康导向的社区建设实践是社区建设的 2.0 版本，那么本研究将构建健康社区的 3.0 版建设维度，即将传统日常健康社区规划体系在时间维度上进行扩展，既关注常态下的健康社区建设，又重视突发公共灾害事件下的应急调节，即平疫结合，前者是后者的基础，后者是前者的条件，两者是一体两面、互相支撑的两部分，做好日常阶段的健康社区建设是减少疫情等公共灾害事件发生的先决条件，也是巩固健康社区可持续发展的基础；以平疫结合为基本思路，在健康住宅、交通、环境、设施层面提出空间干预措施，同时在组织、赋能、宣传、管理等方面提出社区治理的对策。值得注意的是，本书中新时期健康社区规划体系构建中的一些经验性数值主要基于武汉地区的相关实践。

（1）基于时间维度的健康社区建构

在时间维度上，可将健康社区规划建设划分为常态建设和应急调节，更可进一步借鉴斯蒂文·芬克的危机生命周期理论“危机征兆期、危机发作期、危机延续期、危机痊愈期”四阶段划分以及联合国的“灾害管理循环”理念[①]，围绕“平”和“疫”两个方面，划分为日常、传播、流行和平稳四个时间阶段。

常态建设即日常阶段的健康社区建设，应注重对慢性疾病的预防和管理；不仅在健康住宅、交通、环境、设施层面提出空间干预措施，更需要在组织、赋能、宣传、管理方面提出社区治理的对策。同时，日常健康阶段在危机全周期过程中占比最高，影响危害居民健康的最大因素是慢性疾病以及缺少对突发公共卫生事件的应对，而这两者同时是决定疫情破坏深度和广度的重要因素，应注意空间的可变性以

① 滕五晓．社区安全治理：理论与实务［M］．上海：上海三联书店，2014.

及治理的弹性。实现从个体健康拓展至社区整体健康、从居民的身心健康拓展至社会的和谐环境；同时面向全人群健康需求，具备全龄友好的包容性思想，因此更需要关注儿童、老年人和女性等社区空间使用主体的特殊健康需求，引导其参与社区规划与治理，并为其营造健康的社区环境。

应急调节强调社区对洪水、暴雨、疫情等公共突发事件的应急响应，并制定从常态发展至传播、流行、平稳不同阶段中的调节措施。传播阶段是潜藏危机开始出现的时期，各类空间和设施作好向非常态化转换的准备，储备各类生活和应急物资。流行阶段是疫情大规模流行，危机开始爆发和扩散的时期；社区应在空间层面进行管理，在治理层面加强各项生活保障服务；当紧急状况发生时，合格的健康社区作为基础单元和基本防线，应当具备完善的应对和调节机制，最大限度地保护居民的人身安全和维持社区的正常运转。社区作为基本防线，在疫情集中暴发期发挥了区域性保护作用，在特殊时期对社区公共服务站点的完备性具有较高的要求。当居民居家时，社区内的超市菜场、快递收发站、医院等公共服务设施分布均匀、品质良好，可降低区域内人员流动、减缓人口和经济活动暴露在灾害中的风险程度。而对于自然灾害类突发事件，应对措施突出“疏散”而非“集中”，因此保证社区内部救灾点、避难场所、避险通道、救援道路的完整性和相对独立性尤为重要，并加强对社区周边开敞空间和防灾设施的利用。平稳阶段是疫情总体上得到控制，疫情发展进入平稳可控时期；社区应对重点是恢复、评估、加强。虽仍可能出现零星、小规模突发的情况，但不同于传播阶段，平稳阶段中疫情整体已逐渐可控，疫情也进入常态化防控时期。社区需对疫情防控情况进行评估，在空间上进行有序转换，各类设施有条件地逐步开放，完善社会治理常态化工作。

（2）基于要素的健康社区建构

健康社区主要体现在良好的基础设施、绿色的生态环境、生活便捷、社区文化和谐等方面，6个分目标总体涉及用地布局、健康住宅、健康环境、健康交通、健康设施、健康治理等多个维度要素，涵盖物质空间和管制机制两个方面。

空间方面强调保持室内室外环境状态良好、满足日常生活中居民的健康锻炼要求和人身安全、营造社区便捷的交通网络、建设和维护社区公共服务设施，涉及中观和微观两个层面，涵盖用地布局、健康住宅、健康环境、健康交通、健康设施等要素的空间布局与设计。同时，注重平疫嵌套式布局：一是在公共灾害事件全周期中预留空间功能转换的可能性，例如突发公共卫生事件开始零星出现的时期，各类空间和设施应作好向非常态化转换的准备，储备各类生活和应急物资，一些空旷的场所可临时作为避难场所；二是社区空间应结合突发事件的发展阶段形成不同的划分形态，例如结合城市社区和各级公共服务圈范围划定，构建公共健康防灾安全单元，确保应急时居民的基本生活保障；三是强化日常阶段的品质提升和空间治理。

社区管理机制方面强调构建常态且韧性化的管理系统，涉及健康服务机制和治理机制等要素的制定。一是注重日常的保护与预防，通过组织健康安全宣传服务活动、上门服务等多样化的健康服务措施，减少慢性疾病和突发公共事件的发生，一定程度上也能有效减弱突发公共事件的破坏深度和广度；二是注重传播阶段的安全监测、识别和储备准备措施，根据城市的监测预警，识别自身风险点（传染源、易感人群），社区各类组织应做好预备工作，加强组织的便捷性；三是注重暴发阶段的应急管理措施，重点包括分流、保护等，例如突发公共卫生事件的暴发阶段，在医疗设施层面作好医防融合及流程化、层级化医疗，在治理层面加强对易感人群的保护、其他居民各项生活保障的服务以及各类检测工作；四是注重恢复阶段的常态化治理措施，恢复社区整体防灾能力，逐步向日常阶段转换，将检测、观察灾情情况作为社区治理常态化工作（图 3–1）。

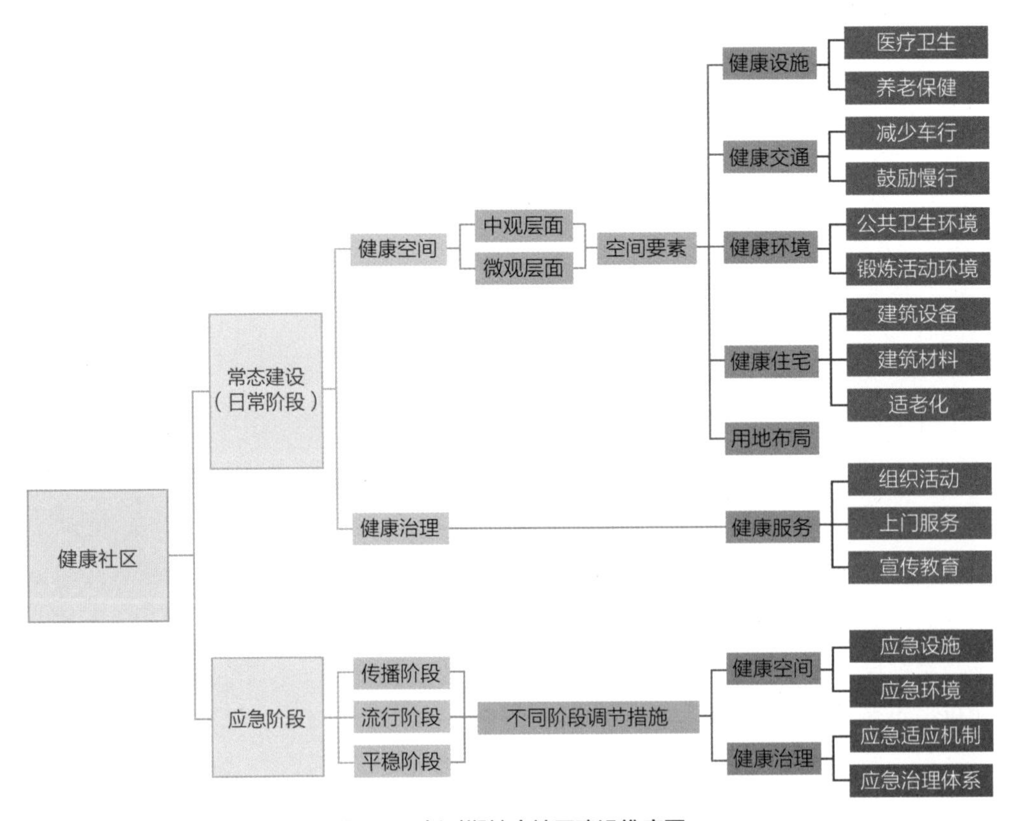

图 3–1　新时期健康社区建设维度图

3. 新时期健康社区的规划体系

围绕打造以人为本、健康生活，构建兼具常态和突发事件应急能力的健康社区的总体目标，落实“适居、易行、宜享、乐活、平安、善治”6个分目标，整体构建由中观、微观两个层面空间要素构成的健康社区空间规划体系，以及由健康服务机制、健康响应机制和基层智慧治理构成的健康社区综合治理体系，探讨在日常阶段、传播阶段、暴发阶段、平稳阶段等全周期过程中，空间要素和治理机制的规划策略。中观层面主要以街区为空间规划对象，重点包括用地布局、道路系统、设施体系等方面；微观层面主要以住宅建筑、公共设施及其周边环境等为空间规划对象，重点包括住宅空间设计、公共空间及环境设计、服务设施功能空间设计、交通空间设计利用等方面（图3–2）。

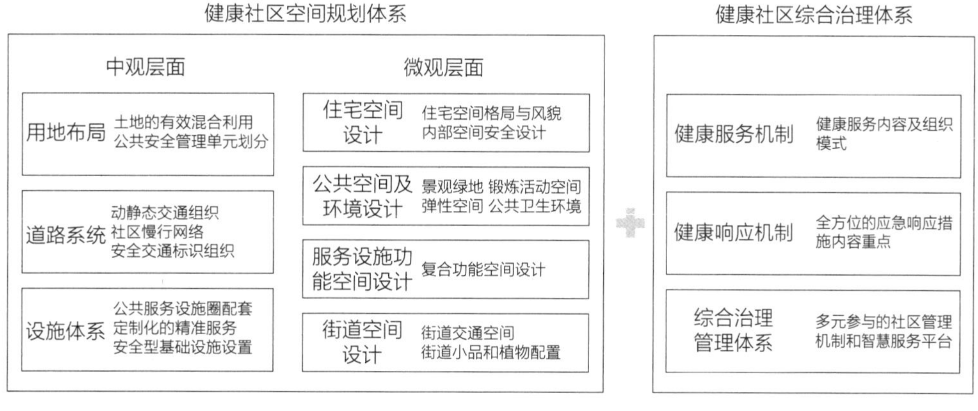

图3–2 规划体系框架图

在中观层面，明确土地的有效混合利用、围绕公共交通节点的用地布局、公共安全管理单元划分等，制定用地布局方面的规划要点；明确对外连接便捷的畅通路网、静态停车设施均衡布局、无缝衔接的社区慢行网络、清晰明确的标识指引等，制定道路系统方面的规划要点；明确类型完备、安全健康的15分钟公共服务设施圈，可持续的基础设施，定制化的精准服务等方面，制定设施体系方面的规划要点。

在微观层面，明确适宜的住宅密度、住宅材料选取、住宅无障碍适老化改造等，制定住宅空间设计方面的规划要点；明确海绵城市景观节点设计、社区风貌及文化空间设计，公共空间卫生环境治理、弹性的公共交往空间设计等，制定公共空间及环境设计方面的规划要点；明确公共设施的复合功能空间设计、共享功能空间设计等，制定服务设施功能空间设计方面的规划要点；明确便于灵活管理的社区出入口空间设计，兼顾慢行、便民集市售卖、应急集中及疏散功能的街道空间设计等，制定交通空间设计利用方面的规划要点。

综合治理体系重点明确健康服务内容及组织模式，制定全方位的应急响应措施内容重点，构建多元参与的社区管理机制和智慧服务平台。

（二）健康社区规划策略

1. 中观层面的健康社区规划

（1）适度混合的用地布局规划

1）易于转换的用地与功能布局

重点强化商业用地、公共服务设施用地与居住用地混合，实现社区内满足居民常态下多元化的消费需求，以及灾害暴发时期公共服务功能转换后能够快速链接居住区域的应急要求。顺应消费升级和新消费经济趋势，围绕便利消费和便民消费两方面，基于社区服务人群规模和经济水平，布局适度规模的商业用地和公共设施用地。应布置社区商业中心、邻里中心、沿街商业等不同层级商业设施，鼓励商业与物业、消费与生活等场景融合，实现业态多元化、集聚化、智慧化发展。商业中心宜结合地铁站点用地布局，适宜引入综合超市、特色餐饮、运动健身、保健养生、小型商住酒店等生活品质提升型业态；邻里中心适宜引入教育培训、老年康护、幼儿托管、菜市场等特色化业态功能；灾害发生时，可将小型酒店、邻里中心等具有较大空间的功能建筑通过内部改造，用于分诊等应急用途；沿街商业适宜引入便利店、早餐店、美容美发店、洗染店、药店、邮政快递综合服务点等基本保障类业态。

适度加强居住用地与办公用地在空间上邻近，尽可能形成社区内一定程度的职住平衡。基于促进就业机会的集中，减少交通通勤的目标，同时避免住宅与公建办公混合引起的管理难点和安全隐患，可将居住、公建办公与地铁站点统筹布局，即将办公设施用地紧邻地铁站点布设，保障区域的交通便利性；在外圈地块布置居住用地，住户的私密性得到保障，同时区域内办公等环境品质也会得以进一步提升（图 3-3）。

应对突发公共灾害事件的生活服务设施分类分区域布局。居民日常基础生活服务功能应紧密结合居住单元建筑布置，非日常必要商业设施可独立设置。考虑突发事件发生时，需要快速启动交通管制；此时社区内部清晰的功能分区、动静分区有利于应对突发事件。将药店、小超市、生鲜水果店等居民日常基础生活服务设施以裙房或底商的形式布局，且适度平均分散布局，一方面能够保障应急服务仍能正常供应，另一方面也能避免采购期间大量人群的聚集（图 3–4）。非日常必要商业可安排于相邻街区，适应灾害暴发时期用于临时生活必需品规模化囤放和社区特殊人群集中管理等用途。

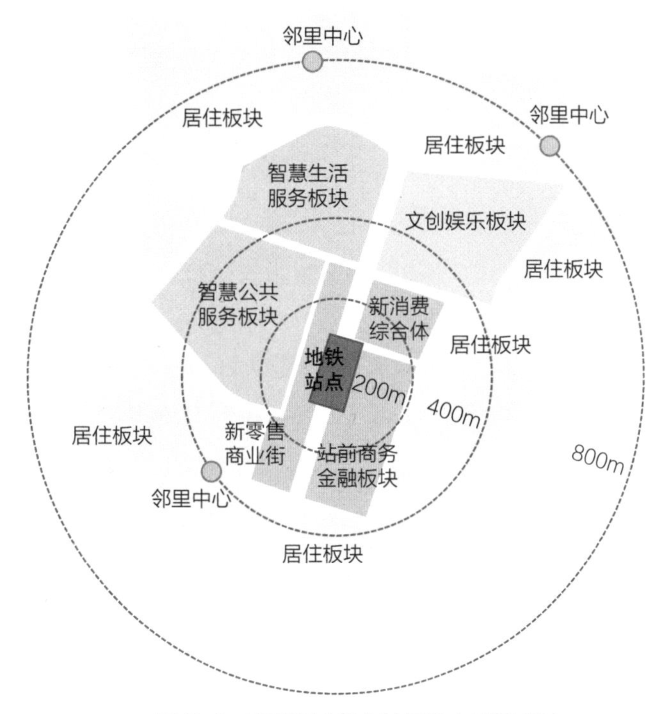

图 3–3　职住混合的邻站用地布局模式图

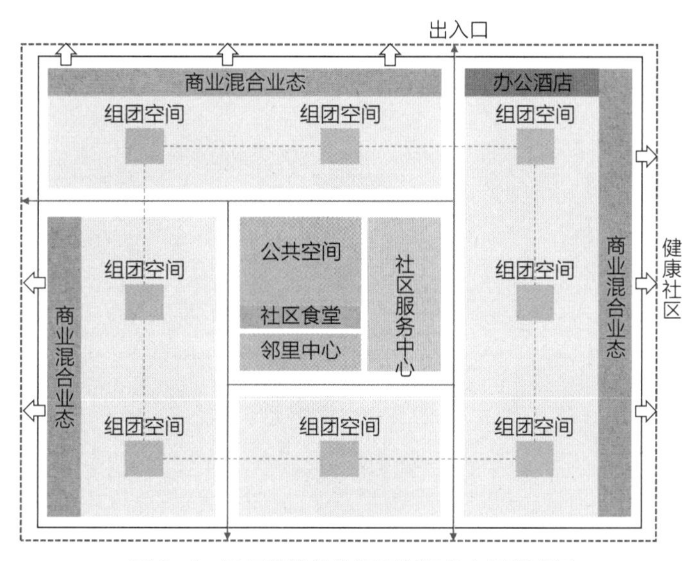

图 3–4　易于转换的生活服务设施布局模式图

2）公共安全管理单元划分

以“大开放、小封闭”的思路，形成 15 分钟生活圈、5 分钟生活圈、住宅小区 3 个层级的公共安全管理单元，一方面提升社区层级化服务效率，另一方面适应韧性化空间管理需求。常态下社区应整体呈现开放状态，为城市活动、城市交通提供共享空间；突发事件的非常态下，每个管理单元应呈现围合性与内向性，形成相对独立的运行单体。每个层级既是公共安全管理的空间单元，也是生活支持服务系统单元，应按照公共服务设施的服务能级与应急管理需求划定，并配设完善的社区公共服务和设施。

依据 15 分钟生活圈划定第一层级的安全管理单元，重点布局初中、体育馆、图书馆、街道级社区服务中心、街道级医院用地、区级公园、城市公共大型停车场等；在非常态下，为本封闭区域提供大型疏散场地，以及街道级医疗卫生救援服务。

依据 5 分钟生活圈划定第二层级的安全管理单元，也是最为重要的管理层级，是突发事件下承上启下的管理节点。重点布局社区综合服务中心、社区卫生服务站、托幼所、小学、邻里中心、街心花园等；在非常态下，是多个居住街坊最直接的管理调度中心，提供均衡的临时避难场所和更加快捷的医疗诊断服务。

依托独立的住宅小区划定第三层级的安全管理单元。以庭院为中心形成多个独立的围合空间，确保在突发公共卫生事件发生时能够快速切断公共空间与私密空间的联系（图 3–5）。

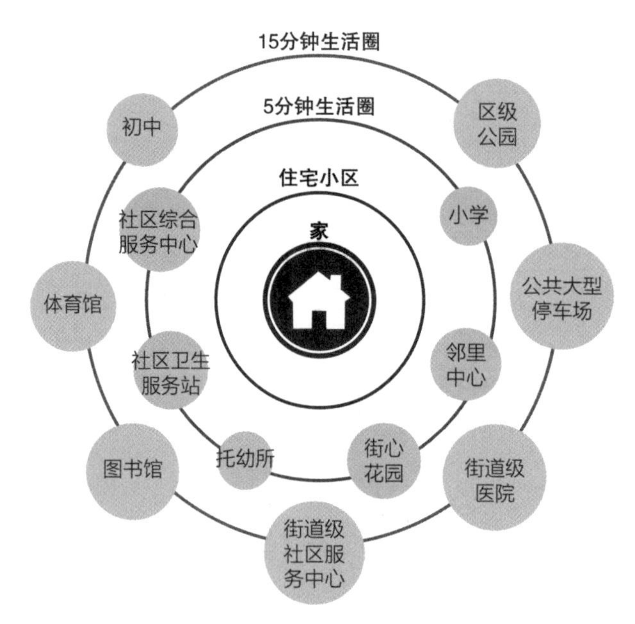

图 3–5　3 个层级的公共安全管理单元

（2）开闭有序的道路系统规划

1）通达且弹性可控的动静态交通组织

在动态交通组织上，应通过布局轨道交通站点和层次完善的次支路网，使社区对外交通实现“可达且便捷”，对内交通“安全且连通”，并分时管控交通出入口。尤其是在社区内部，日常阶段应强化社区道路的网络化连接，增加社区小径以加强各个空间的连接，实现最大程度的社区道路空间连通性，保障突发事件下救援交通能及时到达；同时，在满足基本通行的情况下，保证安全并最大限度地避免对居民生活的干扰。在有传染性疾病等灾害传播阶段，对社区交通采取限行措施，包括减少次要出入口通行时间，进行交通预警，针对非社区车辆做到严格登记检测，疏通主要道路以备应急之需；流行阶段，保留各居住小区主要出入口以及社区主要出入口，根据网格和空间布局，以单栋或几栋作为空间应急网格，保障医疗和物资供应通道；平稳阶段则逐步开放社区出入口。

在静态停车设施布局方面，突出疫情期间可弹性控制的小集中、大分散布局，老旧社区强调均衡化内外布设，新建小区实行全地下化停车。针对老旧社区，一方面应结合社区主要道路布置停车空间，另一方面也应在住宅单元内部设置停车空间。常态下，建议开放主要道路沿线停车权限，尽可能限制车行交通进入住宅组团内部，为居民提供安全的步行环境；非常态下，建议关闭主要道路沿线停车权限，同时适度开放组团内停车权限，避免因停车占用外部道路空间而使救援车辆无法顺利进入组团内部。建议居民停车场（库）的布置服务半径不宜大于150m[①]。针对新建小区，应在小区主要入口处设置地下车库出入口，实现居住组团内部地面整体慢行化。

非常态下明确道路安全等级，区分道路运输功能。道路作为社区串连各个组团空间以及公共设施的通道，平日承担居民通行功能；疫情传播和暴发期，可以根据防控要求重新划分为不同等级的安全通道，区分人流、生活垃圾以及病患通道，并且通过安全通道实现物流入户，做到“洁、污分流”“人、物分流”，实现非常态下的通行管理[②]。

2）连接公共设施的社区慢行网络规划

慢行交通系统应与公园绿地、公共服务设施、公共交通站点布局呈耦合关系。适度的慢行有助于缓解生活压力，减少肥胖率；应考虑将慢行系统与社区活动中

---

① 武汉市规划编制研究和展示中心．武汉市完整社区建设专项规划［Z］．2020.

② 杨葳．后疫情时代的开放式健康社区规划设计：以福州市长乐棋山花园小区为例［J］．福建建设，2021（3）：15-22.

心、公共服务设施、主要的交通枢纽或站点相联系，增强街道的功能性与联系性。研究表明，从家到公共绿地的出行时间超过10分钟，近一半居民的步行或骑车出行的概率将会减少①。因此，慢行系统连接每个活动设施节点、轨道交通站点的距离，尤其是与社区卫生服务设施的距离，不宜超过1.0km，社区宜采用窄路幅密路网的布局形式。轨道交通站点300m范围内，建议步行网络密度达到14km/km^{2}以上，路口间距宜为80～120m；一般区域的步行网络密度不低于10km/km^2，路口间距宜为100～180m②。

3）智慧易识的安全交通标识组织

加强对保障慢行交通安全性的交通标识设置。①停车标识，在常态和非常态情况下，分别设置引导车辆进入就近停车设施的动态屏标识；②慢速警示标识，在经过老人聚集区和儿童聚集区时，运用较为鲜明的警示标识，提醒车行速度降低，保障行人慢行安全；三是明确划分路权，通过明确机动车、电动车、自行车、步行等各类交通方式的行驶空间，合理引导各类车流在社区通行。

（3）精准投放的设施体系规划

1）公共服务设施圈配套

促进健康医疗、多样教育、养老设施、政务服务、菜市场等公共服务类设施配套。社区应从“幼有所育、学有所教、病有所医、老有所养”的角度，全方位配套符合社区级建设标准的各类公共设施，如社区卫生服务站、幼儿园、中小学、社区服务站（含居委会、治安联防站、残疾人康复室等）、托老所、幼儿儿童托管中心。同时，加强菜市场、生鲜超市（菜店）标准化改造，推广先进冷链技术和设施设备，从源头上杜绝各类市场存在卫生安全隐患。

完善层级化健康医疗服务设施体系，重点加强社区医疗服务配置。构建街道、社区、小区三层级医疗服务设施体系，在每条街道设置1个社区卫生服务中心的基础上，各区可结合社区情况，重点打造2～5个建筑面积在1万m^{2}以上达到社区医院标准的机构，承担基本医疗、公共卫生、卫生应急等职能，打造硬件设施齐备、服务能力较强、管理运行高效、具有引领示范作用的区域性基层医疗卫生中心；非常态情况下，以小区为基本单元，可视情况增设独立的医务室，用于临时救治工作。

特色化完善能够凝聚社区精神文化的文体设施和文化场所空间。健康的社区需要在确保居民身体健康的同时能够心理健康、信仰健康、行为健康，应通过基层文

① 王一. 健康城市导向下的社区规划［J］. 规划师，2015，31（10）：101-105.
② 武汉市规划编制研究和展示中心. 武汉市完整社区建设专项规划［Z］. 2020.

体设施构建和广泛的公众参与增强居民主人公意识和社区归属感。一方面，鼓励挖掘社区内文化资源，打造多元化社区文化品牌，整合可以开发、开放利用的公共活动空间，并界定使用性质与使用时间；另一方面，开拓社区与社会文化资源、教育资源共建共享的新模式。

2）精细化服务设施供给

面对多元对象提供定制化服务，包括贴心关怀的养老服务、细致周全的育幼服务、时尚活力的青年服务、温暖共情的特殊人群服务。针对老龄化程度较高的社区，应增加日常文体活动锻炼和日常养老综合服务设施。一是设立多功能文体活动中心（站）或开辟迷你菜园、屋顶农园等多样化户外活动空间（图 3-6），增设健身设施、门球场等适合老年人的体育设施及休息设施，并使设施的高度、宽度、材质等适应老年人的需求，创造社区居民和老年人进行文化活动、体育健身锻炼的机会。二是设立覆盖整个社区范围的居家养老服务中心（站），其中包括设立日间照料、老年食堂、老年阅览室、老年大学（学校）、健身康复室等；提供专业化、多样化、多层次的生活照料支持服务及健康服务；非常态下，也便于将独自居住的老人进行集中照料。

图 3-6　屋顶农园示意图

针对育幼比例较高的社区，应设置符合儿童步行尺度的 5 分钟社区儿童友好生活圈[①]。一是设立公共的家庭中心、儿童之家、青少年中心、日托中心、亲子中心、儿童保育设施等，配备儿童专属的室内活动及游戏空间；提倡提供社区四点半学校、儿童图书室、儿童跳蚤市场等。二是关注儿童群体的心理健康问题，设立儿童和青少年心理治疗机构。三是设置儿童诊所、儿童商店等应急服务空间，保障非常态下社区应急服务的自给自足，尽量避免社区儿童与社区外感染源相接触。四是以

① 何灏宇，谭俊杰，廖绮晶，等. 基于儿童友好的健康社区营造策略研究［J］. 上海城市规划，2021（1）：8-15.

安全且充满乐趣的出行路线串连儿童公共服务设施、儿童户外活动空间，增强安全性、可辨识度和引导性。

针对青年人的日常需求，可提供运动健身和创业办公服务。一是在社区服务中引入日常运动健身服务，包括健身中心、舞蹈室、瑜伽室等。二是提供支持社区本地灵活就业的创业办公、社交等服务空间，以就业培训和创业服务为基础，就近拓展、改造社区办公场所。

针对特殊人群聚集的社区，提供温暖共情的特殊人群服务，推动社区接入特殊人群法律援助中心、心理咨询中心、健身康复中心，开展社区帮扶提供就业岗位。

3）防灾抗灾的安全型基础设施设置

规划升级版社区环境卫生设施和市场。一是强化分类型垃圾收集设施配设，有条件的社区探索实施生活垃圾定时定点分类投放；二是坚持减量化、资源化、无害化的理念，有条件的社区设置再生资源回收点，鼓励社区将部分生活垃圾结合景观设计，以小型堆肥塔形式进行内部生态降解；三是鼓励配设街道家具型环卫设施休息站，为社区构建可供市民共享的社区家具，通过建造这种微型“社区插件”，吸引公众参与，增强居民对所在社区的责任感。

建立健全的社区消防系统。一是建设社区消防室或微型消防站，完善社区消防基础设施，如消防水泵、消防栓、灭火器、给水管道等，并根据社区人口、规模等因素，配备一定数量、简易的消防灭火器材和装备，形成社区消防自救力量；二是保证道路满足住区的交通需求外，还同时担负发生火灾等灾害时消防车通行、疏散人群、应急避难和阻止隔离火灾蔓延的作用，同时应划定禁止停车区域，保障消防通道的畅通；三是对于老人、身体残疾及障碍者、妇女和儿童等弱势人群，有针对性地对灾害弱势人群的家庭开展消防安全诊断服务，在技术环节上为其提供特殊的消防服务。

改造、建设可持续且具有景观效益的海绵城市设施。将“渗、滞、蓄、净、用、排”等多种技术措施，运用到社区道路、绿地景观等综合设计中，如针对原有水体污染、发臭等社区景观，可取消水景，改造为小型生态湿地或渗透塘等海绵型生态景观。

建立健全的派出所—街道—社区综合安全防范体系，完善社区安防设施以及设备的配置。在社区出入口设置岗亭，社区内部设置警卫室，且定时巡逻；单元入口安装门禁系统，配置紧急铃声，各死角部位安装摄像头；社区配设智慧安防调度中心，利用新一代信息技术，形成信息化、智能化的安防管理服务。

2. 微观层面的健康社区空间设计

（1）舒适安全的住宅空间设计

1）适宜的住宅空间格局与风貌设计

强化通透性的住宅建筑格局。疫情之后，整体来看，低容积率意味着低人员密度，拥有更好的安全性，宽敞楼间距也加快自然通风效率，减少病菌在空气中的滞留，因此应改变高强度开发、高密度建设模式，实现以多层和小高层为主的建设模式，将容积率基本控制在 2.5 以下，通过资源的有效配置、规划指标的科学设置、住宅功能的合理优化，降低容积率。单元布局应减少常见的田字形、品字形的塔式结构，多增加南北通透的板式结构，降低梯户比，降低交叉感染的风险，从纵厅布局转变为横厅布局，提高窗地面积比至 1/6，以扩大采光通风面；推广底层架空，增加居住区的环境通透性，提供更多的公共活动空间。

营造和谐的建筑风貌。社区的建筑色彩应满足相关建筑色彩和材质的管理规定，加强对单体建筑风貌的整体性协调把控，明确重点部位和细部特征，仔细推敲所用材料、形式、色彩及比例，打造个性社区。对于有历史文化基础的社区建筑设计，应尊重原有社区的构成逻辑、脉络肌理以及尺度风格，结合社区整体原始基调进行风貌修复。强调建筑风貌与周边建筑相协调，采取“隐蔽化”（设置格栅、百叶窗等，隐蔽遮挡空调机位）、规整化（规整建筑外窗防盗网、遮阳棚）、统一化（统一设置伸缩晾衣杆）措施。对于老旧社区，应对房屋建筑进行立面整治以及屋面防水整治等。

2）安全的居住建筑内部空间设计

针对疫情等公共卫生事件，室内设计应注重隔离房、单独空调系统、上下水管道系统和应急储备空间等布局。多户型住宅可将其中一个自带卫生间的房间设置为“隔离房”，它的空调系统、上下水管道系统应与其他房间、其他住户独立分置并有病毒灭活装置，一旦传染病流行，家庭居住空间的设施可以成为疫情控制的“毛细终端”[①]。

针对公共卫生事件，从大堂到入户，尽可能保持“无接触”设计，以防止病毒有机可乘。人脸识别（或刷卡）的单元电动门、智能或手机 App 呼梯、轿厢负离子 / 紫外线杀毒、感应照明、入户门智能锁具等一系列智能化配置，能保证居民无接触入户。电梯前室应尽量保障自然采光与通风，同时也需要注意使用更安全的建筑材

---

① 宋立民．疫情下的设计反思［J］．设计，2020，33（11）：7.

料，公共区域选材尤其是人体皮肤可以接触的地方，如电梯楼层键、扶手、门把手等，应优先选用具有抗菌功能的材料，减少病菌附着，避免间接接触造成传染[①]。传播阶段应根据住宅户型做好大堂、公共走廊到入户门的消杀工作。进入流行阶段后，居家可能会作为短期内应对疫情的主要手段，对于门窗及入户门等空间的消杀应作为重中之重（图 3–7）。

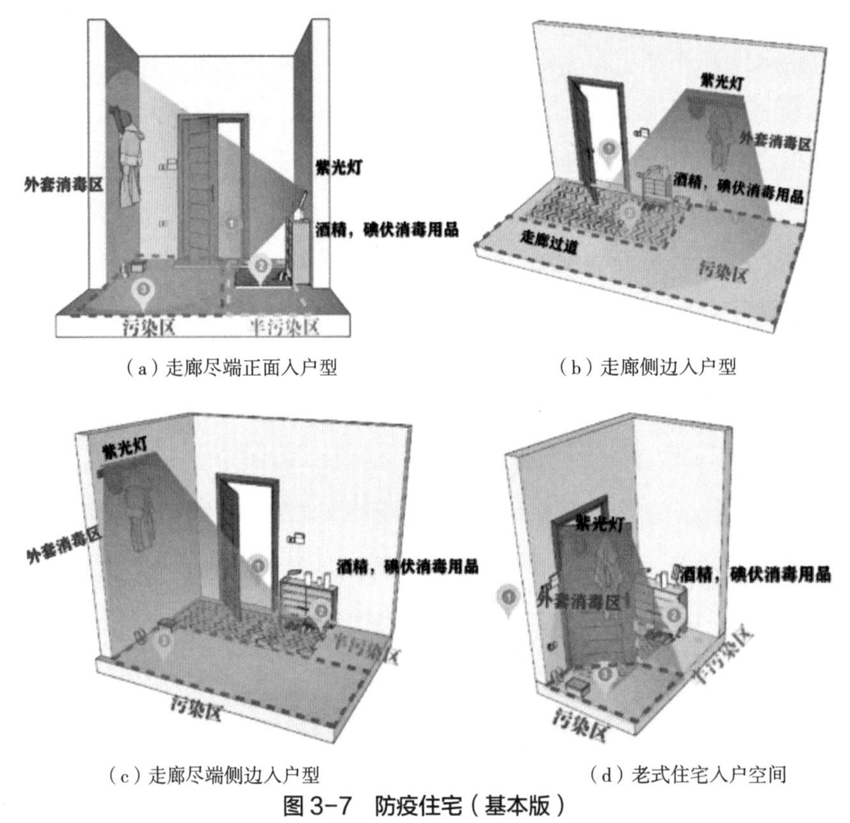

（a）走廊尽端正面入户型　　（b）走廊侧边入户型

（c）走廊尽端侧边入户型　　（d）老式住宅入户空间

图 3–7　防疫住宅（基本版）

来源：防疫住宅（基本版）[EB/OL]. https://mp.weixin.qq.com/s/jXOf4NMrgVMP7ezzaNfXbQ.

禁止明显危害健康的污染源。日常阶段，应注重健康住宅的营造，从声、光、风等物理环境层面打造健康舒适的居住场所，以杜绝直接导致疾病的健康风险为原则，在结合国家标准的基础上建立开发住宅产品的底线标准，在空气品质方面杜绝化学污染超标导致的白血病或先天缺陷，避免通风、清洁死角导致的卫生问题，包括化学污染防治、公共区域集中式新风、厨房抑菌背板、地库空气质量。在水质方面避免群体性水污染事件风险，包括排水系统卫生、水质监测机制。在热舒适方面

① 赵雅泽. 社区防疫的阶段性胜利：浅析社区综合防疫机制：以石家庄市社区防疫实践为例[J]. 公关世界，2020（6）：49–50.

避免垃圾源等污染影响空气品质，包括社区风险环境分析。在声环境方面避免设计、构造缺陷导致的噪声问题，包括隔断外界噪声、排水噪声、电梯噪声、户间噪声、设备噪声。在光环境方面避免照明设计缺陷导致的眩光等问题，包括日照指标、光线质量、哑光表面、照度优化、灯具遮蔽角等①。

消除已建社区内居住空间内的安全隐患。保证社区范围内无仍在使用的危房及其他有安全隐患的建筑物，无违规建筑及乱搭乱占社区公共空间问题。对老旧小区集中疏通堵塞管道，修补屋顶和墙面漏水，检修更换老化的消防设施设备、电气管线、地下管网，解决住房存在的安全隐患问题。

符合人体工效的空间设计，并重点针对老年人等易感人群的住宅设计适老化、智能化措施。新一代健康住宅应考虑适度的居住私密性，有利于使用者心理健康；同时应考虑在室内或阳台上实现自然景观的视觉可达，且视线范围内应尽量避免或减少令人不适的景观存在，提供生理和心理的健康空间。针对老人的住宅室内空间，按个人需求实施安装室内无障碍扶手和应急呼叫系统、取消室内台阶设计、合并房间、扩大出入口等改造措施，帮助老人定制化改造个人住房内部空间，以适应他们日常行动需求。

3）整洁且便捷的楼栋出行公共空间设计

构建舒适、便捷、完善的楼栋出行条件，完善楼栋出行的环境条件、基础设施条件。保持楼栋公共区域的卫生整洁，楼道通畅并进行防滑处理，确保医疗救护、日常使用大物件的搬运顺利；加强对特殊人群的考虑，注重人性化设计、适老化设计，以“安全性、便捷性、舒适性”为原则，保障残疾人、老年人、孕妇、儿童等社会成员通行安全和使用便利。针对老旧小区的多层住宅加装外挂式电梯，入户加设无障碍坡道、走廊，电梯间安装连续扶手。结合使用要求和原有建筑的既有条件，在不影响建筑使用功能和建筑安全、消防安全的前提下，合理确定电梯加装位置和结构形式，当无法整体加装电梯时，可沿楼道设置升降台轮椅轨道。

（2）老少皆宜的公共空间及环境设计

1）开放的景观绿地空间设计

社区绿地日常阶段强调开放共享。其边界处理强调柔性渗透的方式，避免建筑物、围栏等设施的封闭和阻隔，对绿化围栏酌情予以拆除，将自由形态的绿化空间还给居民，提升居民的视觉舒适度（图 3–8）。通过慢行绿道形成漫步绿环，将活动场地与社区其他公共服务设施有机串联，促进邻里交往，提供多种公共空间模块

① 刘琳娜．后疫情时代健康住宅标准研究［J］．城市住宅，2021，28（7）：160–161，164.

供居民选择。倡导均好共享、户户有景，切实从居民使用需要出发，使住户平等地享受绿地资源。

图 3-8　边界破除和柔性渗透示意图

自然景观强调丰富性。提升小区的绿视率，保证绿化空间良好的视域，增加人们接触自然空间的机会，并有美好的欣赏体验，增加自然空间对居民的主动吸引力。对绿地空间中成林的乔木进行疏伐或移栽，清理长势不良的草本、灌木丛、小乔木，用开敞的草坪和花卉取代，既提升空间整洁度，又丰富植物群落，美化环境。受到空间限制没有绿色空间的老旧小区，可以对小区围墙、公共服务建筑立面进行改造设计，通过开墙透绿、增加种植槽、补种垂直绿化或盆景的方式增加小区的绿视率。

2）全龄友好的活动空间设计

以“全龄全民”共享为主要思路、布置均质而层次分明的公共空间体系，安排老少皆宜、动静结合的活动主题，在社区设立不同形式及规模的公共空间，具备休憩、游玩、步行、健身等功能，并提供儿童、老年人活动的区域。在非常态时期采取预约、流量管控等措施，以避免人员聚集。

配置丰富多彩的休闲活动单元，提高居民对休闲活动的参与度。例如社区农场可作为儿童田园体验乐园，还可为社区食堂提供一个更安全方便的食物来源；露台电影及餐饮外摆可丰富居民活动，同时缓解夜市占道、缺乏停留休憩空间的问题；设置共享操场和乒乓球台，可为青少年和其他居民提供运动场地；结合空间条件引入园艺康复花园，可以提高老年人的健康水平，并布置居民活动广场，为中老年群体保留最大的活动场地举行舞蹈、聚会活动。

3）弹性的 5 分钟生活圈公共空间设计

提升 5 分钟生活圈内部公共空间的活力，能在日常阶段更好地将居民留在最小生活圈范围内，自然减少疫情传播和感染的可能性。发挥生活圈的既有优势、创造丰富的活动空间和休闲生活，不仅提高了本生活圈的居住品质，还能向更远的范围与更高等级（15 分钟生活圈）辐射，补足周边可能存在的城市建设缺陷，带动区域的城市活力，使区域及城市更为健康有机地发展。

在疫情等公共卫生事件防控期间，住区可进行半开放、半封闭化管理，兼顾有效外部衔接与内部管控。传播阶段对人群主要集中的公共空间进行限时封闭，防止大规模聚集；流行阶段对各类公共空间和场地进行临时封闭，根据医疗物资、患者转运、生活物资所需的临时场地和空间进行改造和转换，避免人员密集，同时适当满足用户的健身和活动需求；社区农场可以为住户提供正规途径的食品、蔬菜瓜果供应，降低疫情期间人员因基本生活物资需求而产生的外出流动。

4）复合功能的公共交往空间设计

挖掘小微空间。老旧小区中公共空间的开放潜力受到本身空间条件的限制，在实际优化设计中，将视角更多转向微空间功能布置的多样化，以此满足更多居民的需求。特别是在行列式和混合式布局的老旧小区中，公共活动场地和绿化空间的布局和形式更加分散灵活，可以给居民更多参与活动的机会（图 3–9）。通过小微空间的挖潜，提升健康功能的均好性和公平性；同时，小微空间因其人性化的空间尺度，可以提升居民在空间中活动的安全感和舒适度，使居民更愿意参与不同的住区活动，也因此增加邻里之间相遇和交流的机会。

图 3–9　社区小微空间的塑造

加强复合功能设计。高密度下公共空间与需求多元的矛盾要求对小区公共空间的功能进行适当的复合设计。功能单一的公共空间常常比较单调乏味，在非功能使用时间也常处于闲置的状态，降低使用率的同时使空间缺乏活力。针对容量较大的公共活动空间进行复合功能设计，有选择性地进行合理化配置。复合设计模式包括“实用＋活动”和“生活＋休闲”等模式。“实用＋活动”兼顾实用功能和居民的行为偏好需求，例如一半停车场和一半休闲运动空间，划分出球类运动边界线，增设遮阳亭、景观廊架等休闲设施；“生活＋休闲”兼顾晾晒等生活功能和休闲功能，例如在公共空间中增设“花池＋座椅”的休闲设施和晾晒衣物设施，满足居民的不同使用功能和活动需求，提升绿地利用效率。

充分利用屋顶空间。充分利用已有社区空间，提升社区立体形象，针对老旧社区屋顶的乱搭乱建、使用率低等问题进行屋顶活化利用，增加公共活动交流空间。应充分注重楼体与屋顶的色彩搭配，营造活泼生动的建筑形象，运用屋顶创造出集交往、休闲、健身、游戏、娱乐功能于一体的，四季如春、充满浪漫色彩的屋顶“空中花园”，为每个楼栋提供参与式邻里互动社交场所，将居民的户外活动空间由地面延伸到屋顶。

5）洁净的公共卫生环境提升

疏通社区排水、排污管道。对既有雨污管道及化粪池应全面进行疏通清淤，确保顺畅接入城市雨污主管网。对破损淤堵管段进行重点检查，更换或重建局部管道、检查井。室外排水管材应符合国标及行业标准要求，应选择使用环保耐用、抗渗能力强、重量较轻、运输方便的管材。对小区内的餐饮、洗车等易产生油污的行业，应设立隔油池等排水预处理设施，污水经预处理设施处理后再排放入市政污水管网。老旧社区普遍存在排水、排污管道的堵塞问题，鼓励结合“管理＋技术”两方面整治内容，重点解决由于底商餐饮造成堵塞的下水管道，同时对社区整个排水管网进行清理和维护。更换社区不达标管线、改造升级管线、规整线路；修复老旧、损坏设施设备；缺少基础设施的社区，进行合理增设。

加强海绵型景观设计。在保持活动中心景观性和功能性的基础上，根据场地特征塑造微地形景观，步道及活动广场铺装使用透水材质；沿可透水步道及广场种植下沉式绿带，下凹深度宜为50～100mm，且不大于200mm；利用集中绿地适度打造具有渗透雨水功能的生物滞留带和雨水花园，宜选用耐渍、耐淹、耐旱的植物品种，下凹式绿地生物滞留设施的蓄水层深度应根据植物的耐淹性能和土壤渗透性能确定，一般为200～300mm；引入景观水体的区域，景观水体宜具备雨水调蓄功能，可根据区域降雨、地表径流系数、地形条件、周边雨水排放系统等因素，确定调蓄池的容积和调蓄方式，水体应低于周边道路及广场，同时配备将汇水区内雨水引入水体的设施。

（3）功能空间复合化的公共服务设施设计

1）服务人群复合型设施设计

老龄服务空间与儿童照料服务空间适度复合且独立设置。一方面应对社区人口构成、养老意愿、支付能力开展社会学调研，确定适宜的养老介护方式和组织模式，从而形成与之相匹配的养老服务空间设计，包括选择以服务活跃长者为主的活动型空间或是面向失能、半失能老人为主的介护型养老空间为主。另一方面由于老年人倾向和儿童一起活动，且儿童的活力也对老年人的心态和生活起着显著的积极作用，提升老年人的心理健康，可将老年人服务功能与儿童服务功能空间复合设计。如社区养老服务中心与幼儿园合建，包括内部空间中交通联系和公共部分的共享，特别是医疗诊治空间的共享，让老年人参与到幼儿的活动中，能让健康活跃型老人为幼儿园提供一些类似志愿者服务的活动，也能在非常态下为老人和儿童这两类易感人群提供相对独立的医疗空间（图 3-10、图 3-11）。

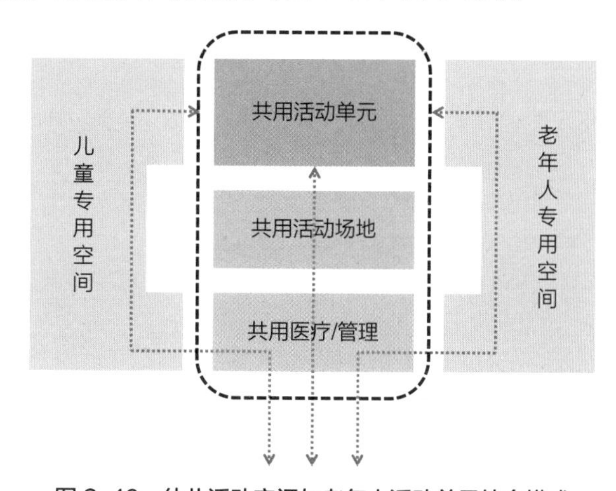

图 3-10　幼儿活动空间与老年人活动单元结合模式

来源：王琳. 社区老年活动空间建筑单元的适应性设计研究［D］. 广州：华南理工大学，2018.

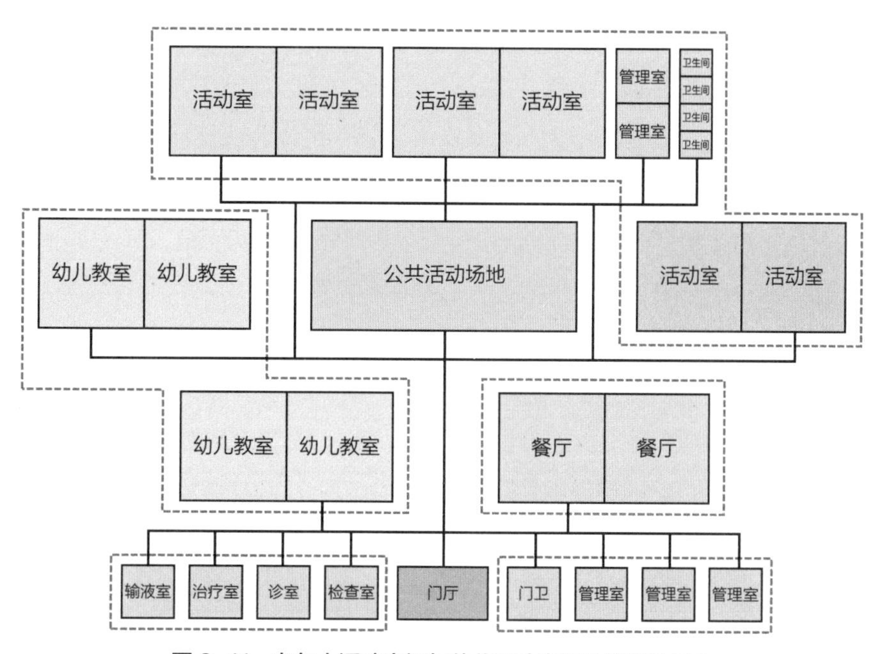

图 3-11　老年人活动空间与幼儿活动空间功能模块组合

来源：王琳. 社区老年活动空间建筑单元的适应性设计研究［D］. 广州：华南理工大学，2018.

青壮年休闲活动空间与托幼服务空间复合利用。将儿童之家、青少年中心、日托中心等儿童服务功能空间，与服务于青年人的健身中心、舞蹈室、瑜伽室等日常休闲功能空间复合设计，能为一部分家庭中全职在家照顾幼儿的年轻人群提供良好的休闲活动体验。可通过室内以玻璃等可视的建筑材料进行适度分隔，或同一空间内布置青壮年与儿童可共享的普适性健身运动器材。

2）全时段服务功能一体化设计

在有一定存量空间规模的社区中，引入全时段“一站式”综合服务中心，有助于激发邻里热情、增进邻里和谐、培养邻里情感。主要服务功能应包括以老年人为主的晨间活动、日间生活及休闲服务，以及以青壮年为主的晚间运动休闲服务，其中可伴随托儿等儿童照料服务。在社区空间布局上宜靠近社区中心或人行出入口。

可通过分层或分栋以实现动静分区的空间组织方式，合理布置相应的服务功能，并以步行连廊进行连接。其中，老年人的晨间运动、多功能运动室、社区卡拉OK、社团活动室、棋牌室、社区食堂等以动态活动为主的服务功能，可布置于建筑的低层；医疗及心理咨询室、图书阅览室、手工室等以静态活动为主的服务功能，可安排至动态活动楼层之上。

3）日常与非常态需求复合型空间设计

公共设施实现“平疫转化”的多功能需求。满足“平疫转换”多功能需求的低成本快速响应，是学校、文化活动中心、体育场馆等较大型公共设施设计规划的重点。① 强化通风系统的设计改造，做到场馆内气流组织的有效隔离；② 预留可应对应急情况需要增设设施的弹性空间，包括护理设施（紧急、长期和备用护理）、抗病毒药物供应点、含独立浴室的备用隔离空间、医学冷冻库，以及水资源设施、紧急厕所、储备仓库等；③ 注重各类防灾应急空间的功能恢复，应急空间的改造应具有可逆性，应急场所在设计施工阶段应充分考虑后期恢复问题，减少对原生态环境、基础设施、功能结构等的破坏，增加空间弹性。

传播阶段，结合社区服务中心和各类文体设施空间，进行物资储备、社区卫生服务设施收集、监控特殊病患并动态上报预警。流行阶段，将公共设施转换为应急响应设施，如社区应急服务中心、生活物资储备中心、应急医疗物资储备中心、酒店临时隔离点等；并逐步关闭市场、餐馆等设施，将社区底商服务临时对内，保障服务。平稳阶段，逐步恢复营业性设施，保留社区服务中心应急职能。

售卖型生活服务设施采用单元化设计与流线控制，满足日常与非常态等不同时期的良性运作服务。以可变单元为基础，实现菜市场、超市等售卖型设施整体空间的健康升级，并对卖场出入口、场内摊位、沿街店铺做精细化设计。一是形成灵活、紧凑的合理分区，将有气味、有环境要求的功能集成到紧凑的体块中，释放出可灵活使用和应变的大空间（图 3–12）；二是疫情传播期，在出入口区域形成足够的体温检测等候空间，通过适度关闭单元空间，组织单向流线市场（图 3–13）；三是疫情流行期，空间折叠，摊位撤出，形成物品分类集中分配空间，并将店铺外部使用空间关闭，只保留对外窗口售卖（图 3–14）。

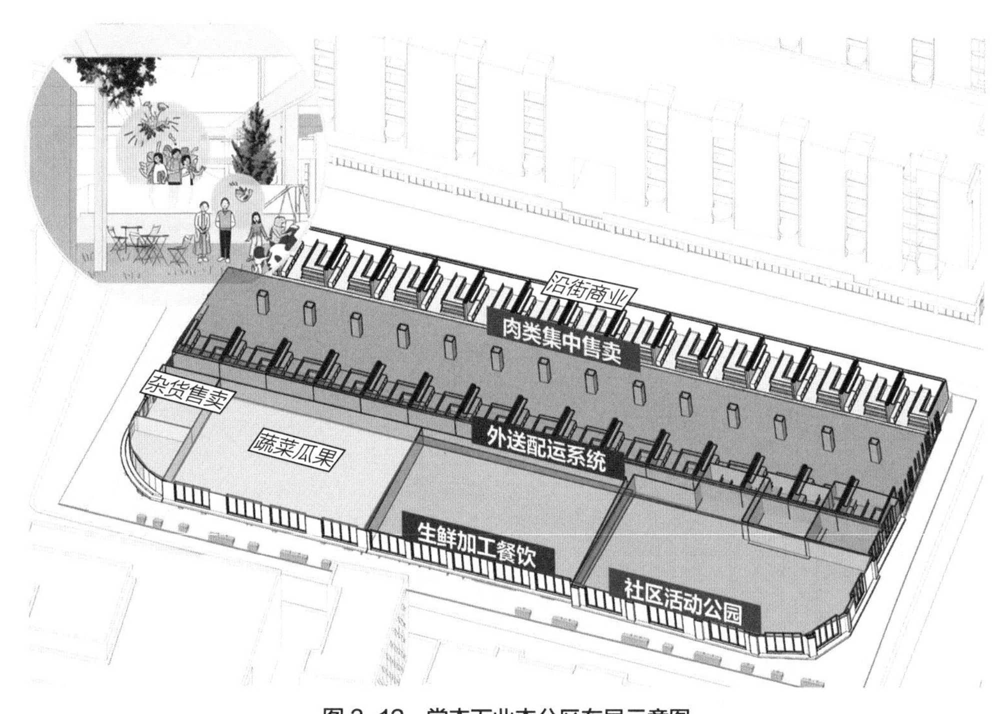

图 3–12　常态下业态分区布局示意图

来源：第七届“紫金奖”建筑赛银奖作品“生活与生鲜——平疫结合的菜场改造”

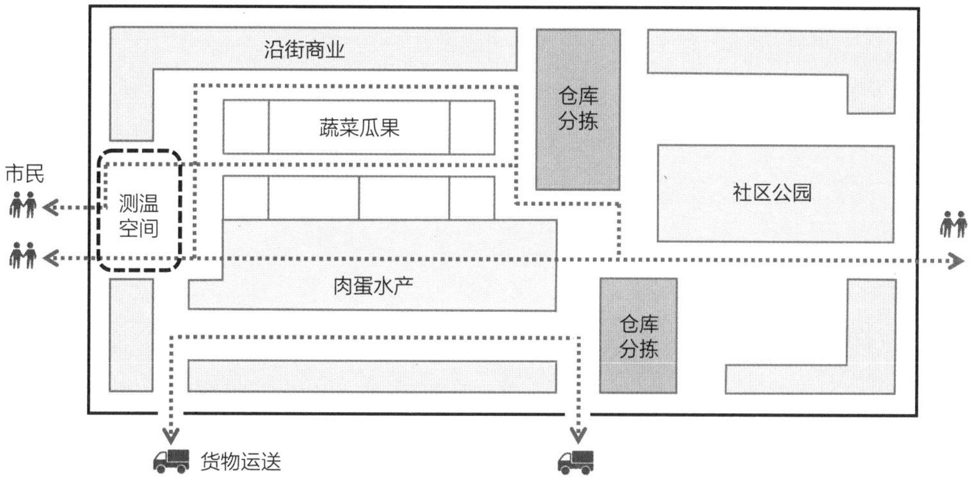

图 3–13　传播扩散期功能分区及流线组织示意图

来源：第七届“紫金奖”建筑赛银奖作品“生活与生鲜——平疫结合的菜场改造”

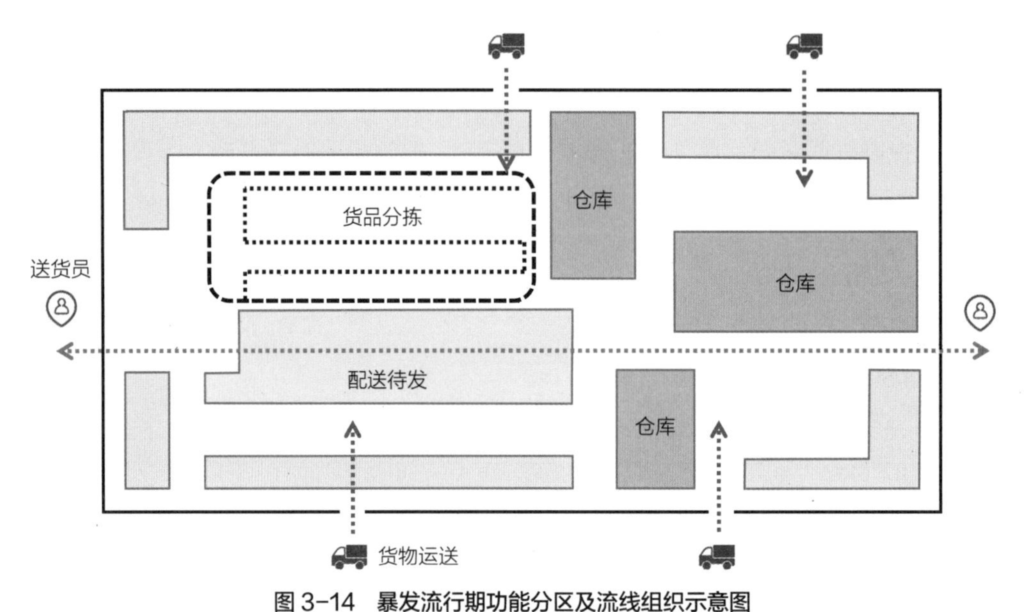

图 3-14 暴发流行期功能分区及流线组织示意图

来源：第七届“紫金奖”建筑赛银奖作品“生活与生鲜——平疫结合的菜场改造”

（4）高品质的街道空间设计

1）舒适且安全的街道空间设计

打造适宜慢行、方便救护的道路空间与停车空间设计。减少机动交通和慢行交通线路的重叠，将减少人体对污染物的暴露剂量（或污染暴露度），从促进锻炼的角度，创造舒适安全的步行环境，鼓励慢行出行方式有益于减少慢性疾病。在社区道路断面设计上，应针对道路类型、道路技术等级和使用需求量，形成精细化设计，禁止为拓宽机动车道而压缩甚至取消慢行交通空间。

以下断面设计主要针对老旧社区，对于以新建小区为主的社区，主要适用外围支路和社区主要道路的断面设计。一是外围支路的红线宽度宜为 14～20m，社区内主要道路宽度宜为 10.5～12m，道路断面形式应满足适宜步行及自行车骑行的要求，支路的人行道宽度不应小于 2.5m，社区内主要道路的步行空间不宜小于 1.5m，骑行空间不宜小于 2m，且宜为路边停车设置弹性空间，便于常态下减少社区内部的人车混行交叠；同时，社区主要出入口宜设置减速提醒标志、人车分行地面标识、车道道闸、24 小时值班岗亭、门禁、夜间照明设施及无障碍设施等，对人车起到引导及分流的作用（图 3-15）。二是组团道路宽度宜为 5.5～6.5m，慢行空间不宜小于 2m，车行空间满足消防救护等要求即可；有条件情况下宜通过绿化景观将机动车与慢行空间进行分隔。三是入户道路宽度宜为 4～5.5m，常态下应全部作为慢行空间；非常态下，保障至少 4m 的消防车道需求，以及防疫封闭管控时期的路边停车空间。

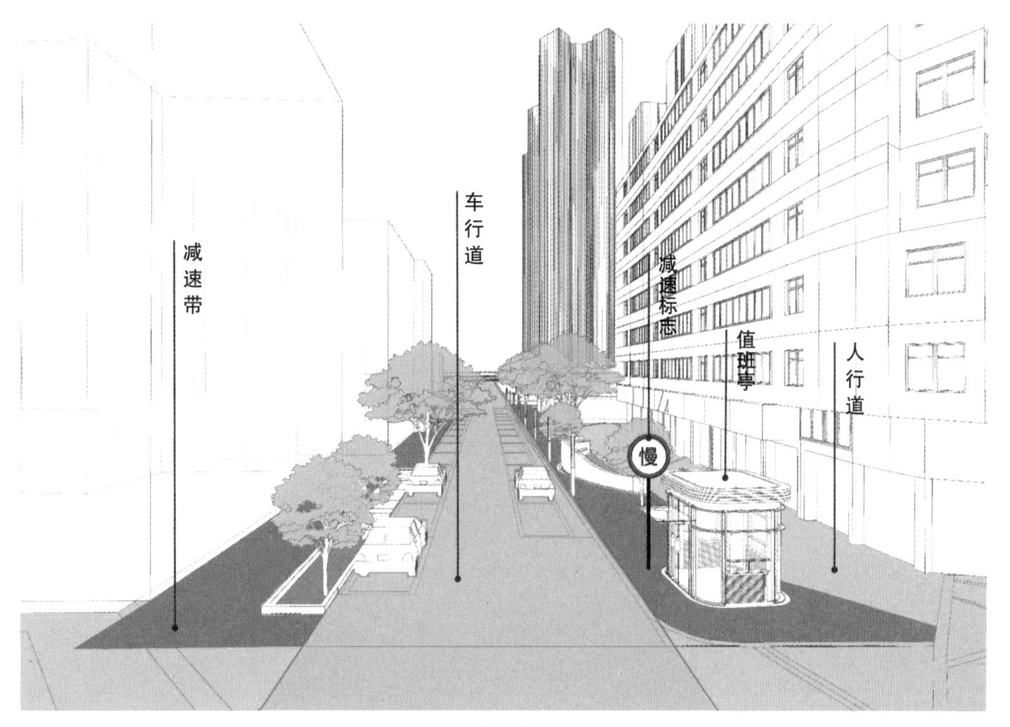

图 3-15 社区出入口示意图

划定分时段的街道混合功能空间。目前传统社区道路上往往会存在早餐贩卖、日用品零售、烧烤、宵夜等非正规空间，形成了独特的邻里社会网络，并与夜市、传统商业街等公共空间共同构成了城市市井文化，此时街道空间在时间上、空间上都呈现出高度的功能复合性。事实上，通过合理的分时段街道功能空间划定，能够避免混乱的空间使用秩序，并正向提升街道形象：在保留必需的常规慢行空间外，可划分弹性的自由流动摊贩区，结合早晨、上午、中午、下午、夜晚等不同时段的商业类型特征，在基本不迁移原有摊贩区域的基础上，确定街道空间在不同时段允许的摊贩功能类型和相应区域，并分类进行摊位设计和形象提升。

稳静化的社区人车混行道路设计。社区外围支路和内部主要道路宜适度采用交通稳静化处理手段，降低机动车车速，以保障社区内慢行出行者的安全。设计方式包括设置减速带、减速标志，以及 S 形线路（图 3-16）、抬高路口路面与人行道平齐和全铺装设计等方式；其中 S 形线路主要用于车速和噪声都需要控制的社区道路，如老龄化比例、育幼比例较高，或医疗机构、学校等区域周边道路，可设置斜向的路边停车泊位或突出的绿化带，使车型流线呈 S 形，降低机动车车速，净化交通，减弱机动车对居民生活质量及环境带来的负效应。

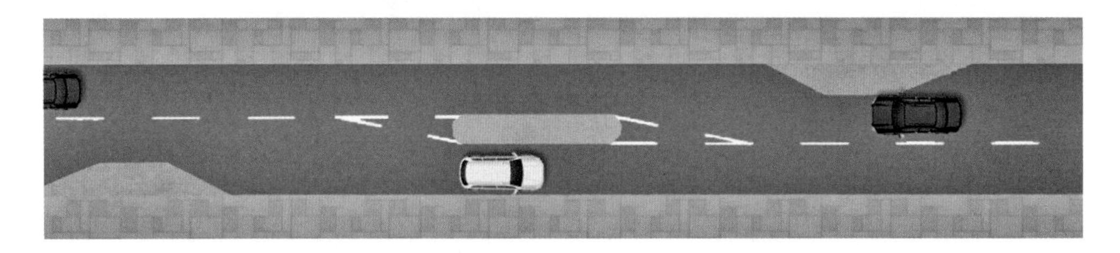

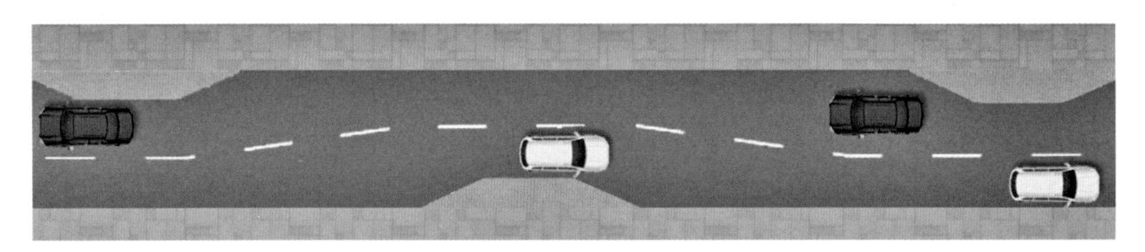

图 3-16　S 形线路设计示意图

2）景观化的街道小品和植物配置

引入体现社区文化特色和场所精神的街道小品元素。应在保证慢行系统连贯的基础上，重点把握街道设计中的细节，包括家具设施、铺地系统、灯光、建筑立面等设计要素，以提供高品质街道体验。可以利用绿植设施带引入贴合沿街业态的室外服务空间，把休闲座椅、商业外摆等景观互动融合；针对社区所在区域的不同文化特征，如滨江区域拥有码头文化、工程设计文化、钢城文化等，将相应的文化元素转化为灯光、LED 投影、铺装和树池图案、主题雕塑等街道景观设计中，让街道充满个性特色，营造居民的归属感；可以在慢行专属道上设置绿道里程标记和打卡点，鼓励居民绿色出行。

搭配利于改善街道小气候、色彩丰富的植物景观。由于道路上呈现的车流、人流集中，废气、噪声集中等人工特性，往往影响了出行人的身心健康，通过在绿化隔离带和街头小绿地中配置具有特定功能、色彩多样的植物群落，有益于营造一个让人心情舒畅、空气清新的街道环境。在绿化隔离带和人行道种植遮阴效果好的乔木、常绿灌木和耐践踏的地被，可以减弱车辆噪声，为行人提供处于绿荫下的活动场地，基调乔木树种可考虑常绿树种与秋色落叶品质搭配，保障冬夏两季有一定场地的光照与活动品质；在粉尘较多的社区内，可选择滞尘效果好的树种进行高低配置，并注意密度适当，落叶与常绿搭配；可以通过配置枝叶茂密、根系发达的乔木和灌木，利用植物的蒸腾作用增加空气湿度和降温，同时在地面种植覆盖能力强的地被植物，减少地面的长波辐射，从而起到缓解热岛效应、降温增湿的作用；还可以适度选择对汽车尾气抗性较强的植物改善街道的空气质量。

3. 综合治理管理体系保障

（1）建设制度完善的健康服务制度

1）提高社区医疗服务水平，完善相关制度建设

提升社区医院的防护标准，提高疾病检测与筛查的能力，并通过搭建信息公开平台共享患者信息；协调推进社区卫生服务发展，建立分级医疗、双向转诊等制度，完善医疗保险、药品生产流通、医疗救助、教育、人事等相关配套政策；完善健康供给制度、配套激励制度，实现医疗资源下沉社区，公共卫生人才下沉社区，社区医疗卫生资源配置充足且质量提升；坚持非营利性医疗机构为主体、营利性医疗机构为补充，公立医疗机构为主导、非公立医疗机构共同发展的办医原则，积极促进非公立医疗卫生机构发展，鼓励社会力量举办社区卫生服务站，形成投资主体多元化、投资方式多样化的办医体制。

2）建立居民健康信息管理档案

建立居民健康信息库可提高社区居民健康信息管理的连续性和统一性，为后续社区居民健康管理工作奠定了良好的基础。加强基层医疗卫生机构网络信息化建设和整合应用，有利于在平时提供具有针对性的健康服务。在“互联网＋”背景下，社区可以对居民的健康数据进行高效的采集和分析，社区内和当地的医疗卫生机构能按照相关的要求将居民健康信息上传到网络平台，对社区居民健康数据实行集中管理。社区居民健康管理系统可以通过和这些网络平台的互联来获取社区居民健康信息，实时更新居民健康状态。社区居民健康管理组织可以通过信息技术对所采集的居民信息进行深入精确的分析，实现居民健康结果比较、健康干预、健康干预结果追踪等工作，并根据社区居民不同的健康情况提出解决对策，提升社区居民身体素质，做好社区居民健康管理工作。

3）加强健康知识宣传，开展自救逃生演练

通过线下活动、海报张贴、讲座、宣传册、微信群温馨提醒等多种途径，不断提高民众的健康素养，增强居民的疫情防控、火灾、洪水等灾害应对意识，在公共卫生事件突发时可有效避免或减少因知识水平不足造成的病毒传播、病毒感染、恐慌、谣言等情况发生，有利于管控措施有序进行。加强日常健康和防疫措施的宣

传，深化各类措施稳定性，同时积极指导社区组织居民消防演练和应对洪水、地震等灾害的演练，使社区居民普遍接受安全教育，以增强社区群众自救和逃生的能力。

4）制定应急预案，深入推进隐患排查

对于火灾等安全事件，社区应在平时作好预防，最大限度排除隐患。发挥基层网格力量，协同派出所专（兼）职消防民警、社区民警和社区网格员开展居民住宅小区消防监督检查，对住宅小区进行逐一排查，摸清消防安全整体状况，建立摸底排查档案，列出隐患清单，制定用火用电安全、隐患整改、易燃易爆危险物品使用制度和灭火、应急疏散预案等措施，推动隐患整改。同时强化社区隐患排查，联合应急管理局、公安局、社区居委会等部门开展社区火灾隐患排查整治行动，对社区的消防车通道，安全出口是否畅通，疏散楼梯是否堵塞，应急照明是否符合规定，室内消火栓系统是否完整好用，灭火器材配备是否齐全、完好、有效等情况进行重点检查。对发现的火灾隐患能当场整改的要求负责人当场整改，不能当场整改的实时跟踪依法限期整改，强力清除社区火灾隐患。

（2）形成完备及时的应急响应

1）建立多层级的应急响应网络

形成“社区—小区—楼栋”的公共卫生三级应急响应网络。第一级防护网络以社区为单元，主要承担统筹资源、组织推进和监督执行的工作，细化疫情防控的具体工作安排，构建领导直接联系群众制度，加强社区内机关企事业单位协同配合，负责监督第二级、第三级网络工作职责的履行与推进。第二级防护网络以小区为单元，主要承担组织实施、卫生保障等工作，协助社区党委排查疫情发生地抵（返）本地人员情况，开展重要路口、节点的检查工作；每日对小区环境进行病毒消杀，清除垃圾杂物；督促居民做好个人防护，如测量体温、戴口罩等；受理小区内疑难问题，并在职权范围内给予解决。第三级防护网络以楼栋为单元，建立“疫情处置”微信群，报告疫情，落实、执行上级防护网络的政策决议，协助重点人员管控与信息资料收集；提供邻里帮助；对楼栋环境卫生不定期进行检查，督促居民保持楼道干净整洁，及时制止不文明行为，以及不戴口罩、群众聚集等现象。

针对火灾和重大安全事故，各级防护网络明确自身的职责，应立即控制事态、封闭现场、疏散群众、对伤员实施抢救，切断一切火源，防止火灾蔓延，并向有关部门报警，寻求救援。社区领导小组立即赶赴现场，根据事故现场情况及时调度救援力量，指挥现场救助，疏散群众，如有伤亡情况迅速与医院等抢救单位联系、进行抢救。

2）提供及时的资源保障和医疗服务

在疫情期间，患者信息收集和上报、患者排查和就医安排要及时和准确，将疫情防控的“候诊—取样”环节下沉到社区，提升社区医院的作用，减少交叉感染的风险并减轻中心医院的医疗压力。社区进行消杀防疫，对接城市应急物资保障体系，结合大数据预测本社区的需求，申请物资的种类和数量的调配，有针对性地提供医疗生活物资等服务。对于内部的物资分配，采取“申请清单”的模式，即居民从重点疫情地区返回后居家隔离，向社区居委会填报“需求清单”，社区居委会联系志愿者为其提供居家隔离所需的食品、生活用品的补给供应。

发生火灾等安全事故，社区应急避难场所要及时启动，并安排专人引导社区居民疏散到避难场所，合理安排避难场所的使用。如有伤亡情况，社区卫生站负责对伤员进行初步救治，视情况将伤员送医疗机构救治，并协助居民现场救助。

3）提供相关的咨询辅导服务

在疫情等公共卫生事件、火灾、洪水等灾害发生时，社区可通过各类平台进行预警，信息透明公开，防止不必要的恐慌，并提供相关咨询和辅导服务，注重疏解和安抚居民的情绪压力，尤其是向弱势群体倾斜，可采取上门讲解等措施，提供情绪安慰和心理辅导。同时，社区要开展疫情认知与自我防范、防疫消毒、卫生习惯等的宣传和咨询工作，让居民引起足够的重视，在疫情期间保持良好的卫生习惯，减少疫情的蔓延。

（3）构建职能清晰的社区管理组织

1）建立社区防控组织体系

组建社区防控组织体系，强化“社区—小区—楼栋”微治理网络。由各级政府及街道、社区党组织和居委会、社区业主委员会、各类社会组织和群团组织、社区物业企业、社区居民和下沉社区的党员干部，以及公共卫生风险防控专业化卫生机构等，形成社区防控风险组织和人员合力。政府可在社区发展规划、管理制度、社区发展评价、资源分配等方面嵌入公共健康利益的考量，促进健康社区建设；居民是健康社区治理服务的主体，以社区项目为参与平台，社区自治组织及居民个体可通过健康诉求与意见、健康社区建设、健康服务等方面的参与决策，构建良性社区发展机制，促进社区与个体健康发展；公共卫生人员等专家团队在健康社区治理中作为知识与理论支撑的关键角色，以及突发事件下的救治团队，保障健康治疗的科学性与有效性[①]。

---

① 张天尧，谢婷．公共卫生视角下健康社区治理模式探析：以新冠肺炎社区防疫为例［J］．现代城市研究，2020（10）：38-45.

明确“日常—传播—流行—平稳”各阶段社区组织的职能。日常阶段，通过活动组织等形式促进健康活动，并在社区工作及社区组织中留有一定冗余，加强联系群众的便捷性，培养常态下社区居委会对突发事件的应对能力，建立起良好的社区管理信任。社区工作者时常上门与居民面对面沟通，建立线上交流群，鼓励各家各户敞开大门参与到社区共治中，就社区建设征求居民意见、响应居民需求；同时社区应当向居民普及公共卫生、火灾、洪水等突发事件应对知识，提醒社区居民适当地进行医药品储备与其他物资储备。同时，培养社区居民成为社区的潜在管理者，建立亲密的邻里关系，远亲不如近邻，使社区邻里之间彼此熟悉、相互了解。传播阶段，组织业委会、志愿者等群众组织作为应对突发卫生事件的后备力量，在突发事件下应发挥潜在管理者的能力，分担社区陡增的相关管控工作，帮助社区内有困难的居民，合理分配紧缺物资，安抚居民的恐慌情绪，避免出现基层社区超负荷运转等情况产生。流行阶段，充分发挥街道办、居委会、业委会和物业公司的功能与职责，促进社区疫情或灾害的公开透明，发挥居民组织、楼栋组作用，参与社区的防疫救灾工作，社区居民充分相信社区管理者，听从社区管理人员的统一安排，及时了解社区内的现实情况。同时鼓励居民应对疫情灾害时的自律和自助，居民之间能够相互帮助。平稳阶段，保留部分临时群众组织参与疫情的常态化防控，并恢复部分健康活动。

2）建构专业化防控管理人员队伍

由于社区防控重大风险面临着复杂、多变和不确定的社区防控风险环境，要求社区防控人员队伍具有专业性、灵活性、开放性和快速响应性，并对公共卫生等突发风险的发展变化具有很强的应对研判、响应和处置能力，具备协调和配置社区内部资源和协同外部资源的高效组织能力。

日常阶段，落实事权下放社区基层，打造专业化社区防控突发风险队伍。明确各类下放职能职责，保持社区防控人员队伍质量和数量的持续长效投入，不仅要储备和培养具备国际化视野和专业化能力的社区安全风险治理人才，还要加强社区基层党组织带头人队伍建设，建立一支数量足、素质高、能力强的社区风险专业化防控运作管理人员队伍；扩充基层治理专项资金，支撑专业化队伍建设和日常健康各项措施落地。传播阶段，进行防控队伍动员准备，清点、储备各类应急设施。流行阶段，发挥统筹应急指挥职能，领导牵头带领专业化防控队伍组织各社区开展防控工作，在关键环节和重要岗位安排熟悉社区实际情况的专业化防控人员，使得社区防控策略尽快、准确地得到落实，并能够随时了解社区防控完整情况，还要统筹用好社区物业管理企业人员、基层党员、志愿者以及党员干部和行业的专业化防控力量，下沉至社区的不同领域，从检测、疏导、物资联系、人员转运、生活支撑、信息传导等多方面保障社区健康[①]。平稳阶段，加强与街道、区等直属职能部门和派出机构横向联合，整合社区资源防止疫情反复。

3）搭建社区治理监测评估平台

采用大数据分析技术方法，整合社区相关的基础数据、规划数据、基层治理数据及新型冠状病毒感染疫情等相关突发事件数据，搭建社区综合治理和空间监测评估平台，定期开展社区治理评估与完善，辅助社区规划建设，提供信息化技术支撑。在智慧化社区建设大力开展和人工反复填表统计信息的困境中，要加强平台建设与社区治理体系的对接。应厘清智慧监测平台的面向主体和受益主体，将智慧平台系统的建设与社区治理各环节工作对接；整合条块分割的数据孤岛，在平台、数据形式或使用授权上与基层工作需求相结合。

明确“日常—传播—流行—平稳”各个阶段的检测评估任务。日常阶段，加强基层医疗卫生机构网络信息化建设和整合应用，发挥居民健康档案的基础性作用。对水、电、气各方面进行居家智能化改造，保护易感人群、弱势群体。传播阶段，运用人工智能、信息技术等手段，标记异常情况，进行传染风险评估并持续追踪。流行阶段，借助各类线上平台，辅助物资运送、分发，信息传播传递。运用智能化平台，实现疾病监测与应急指挥互联互通、协调管理。平稳阶段，保持各类健康数据的检测和监控，在建立健康档案的同时，联合开展社区健康监测评估，依托网格化管理、云服务平台和大数据等信息技术，构建健康安全监测和防控管理信息技术平台，重点保障疫情、防护、医疗就诊和民生保障四类信息的更新与公开，整合信息采集与更新、综合评估、病例跟踪、数据预测等功能，加强数据动态监测、风险评估，辅助防疫工作，提高社区的修复能力。

① 何继新，暴禹．社区防控公共卫生重大风险辨识与全周期管理策略研究［J］．学习与实践，2020（5）：90-101.

下篇：武汉健康社区实践

四、武汉市社区发展历程

武汉位于中国中部、长江与汉水交汇处，由汉口、武昌、汉阳三镇构成。1861年清末汉口开埠后，汉口成为近代最早的工商业城市之一。1949年新中国成立后，武汉成为“一五”“二五”时期国家重点建设的工业城市，在武昌打造了“武钢”“武船”等一批国有大企业。1979年改革开放初期，武汉市政府恢复汉口汉正街中断了数十年的自由商贸传统，重新开放小商品市场，引领“对内搞活”内陆发展模式。之后，武汉市逐步经历市场经济转型、经济全球化时期等阶段，城市规模迅速扩大，城市面貌日新月异。

武汉城市发展的漫长历程，形成武汉市老旧社区的5种典型类型：一是以传统里分为代表的街坊式社区；二是作为新中国成立初期重工业企业配套住宅区的单位老旧社区；三是改革开放后，按照市场化方式建设形成的纯商品房物业管理型的老旧社区；四是20世纪80年代，住房制度改革初期，城市第三产业逐渐发达，企业出资建设的房改房老旧社区；五是由政府出资兴建的具有安居性质的保障性住房老旧社区。本书选取社区实践案例江岸区六合社区、青山区通达社区、武昌区东亭社区、硚口区幸乐社区、汉阳区知音社区即代表了上述5种典型社区类型。

五、武汉市社区规划历程

（一）老旧小区改造规划情况

在武汉城市发展的进程中，老旧小区改造工作作为城市更新工作的重要组成部分，一直伴随着城市发展而相应开展，而工作的全面铺开是以特定节点为标志的。国家层面是以《国务院办公厅关于全面推进城镇老旧小区改造工作的指导意见》（国办发〔2020〕23 号）的发布为节点，武汉市层面是以武汉市人民政府办公厅发布的《武汉市老旧小区改造三年行动计划（2019—2021 年）》为节点。其后，武汉市于 2020 年 4 月发布了《武汉市老旧小区改造技术导则（试行）》、2021 年 7 月发布了《市人民政府办公厅关于进一步推进城镇老旧小区改造工作的通知》、2022 年 3 月发布了《武汉市老旧小区改造技术导则》，并且将老旧小区改造工作分解落实到了“五年计划”中。各级政府为牵头单位，老旧小区改造工作的主管职能部门为由中央到地方的房管条线部门，改造内容扎实全面，但也存在改造内容局限于工程化和物质化等问题。

（二）老旧社区微改造规划情况

为使“城建社区治理体制更完善，努力把城乡社区建设成为和谐有序、绿色文明、创新包容、共建共享的幸福家园”，武汉市自然资源和规划局从城市更新改造的角度，提出将城市划分为“动区”和“静区”，提出“静区”不搞大拆大建，以整治环境、提升品质为主。作为“静区”规划的重要抓手，武汉市自 2017 年起就开始探索社区规划相关工作。尝试通过“微规划”“微改造”“微治理”，将规划、建设和社会治理无缝对接，提升社区环境面貌，满足居民幸福生活需求。

2017 年，武汉市开展了“戈甲营社区规划”“南湖街道社区规划”“张家湾社区规划”3个社区的微改造规划工作，并形成了《2018武汉市社区规划推介手册》，相应的改造内容和机制在房管条线部门的老旧小区改造工作内容的基础上进行了一定的提升和完善，提出了一些根据实地经验总结出来的社区治理的路径和方法。

2018年，武汉市延续之前工作开展了2018年度老旧社区“微改造”规划工作。选取的10个试点老旧社区在空间上分布在江汉、江岸、硚口、汉阳、青山、武昌等多个主城区，在类型上包含了传统式街坊社区、老旧单位社区、老旧商品房社区、保障性住房社区等多种类型。武汉市自然资源和规划局总结10个试点老旧社区规划的相关工作经验，于2021年5月发布了《武汉市社区微改造规划导则（试行版）》，其内容更加丰富翔实，对于社区规划师和居民参与的机制进行了较为详细的阐述。同年6月，江汉区政府联合武汉市自然资源和规划局在江汉区开展了责任规划师试点工作，探索形成了一批街区更新和规划融入社区治理的创新实践。

（三）武汉市健康社区相关政策解读

2018年，在健康城市、健康社区建设方面，武汉市为贯彻落实《“健康中国2030”规划纲要》《“健康湖北2030”行动纲要》，制定印发了《“健康武汉2035”规划》（以下简称《规划》）。《规划》从健康水平、健康生活、健康服务、健康保障、健康环境、健康产业6个方面提出了相应的建设指标和重点项目。并在健康环境中特别指出要“实施以社区、单位和家庭为基础的‘健康细胞’行动计划”，提出“保障与健康相关的公共设施用地需求，把健康政策融入城市规划、市政建设、道路交通、社会保障等公共政策并保障落实。制定健康城区和健康村镇发展规划”。武汉市的健康社区规划及建设被提到议程。

2020年，武汉市人民政府办公厅发布《市人民政府关于大力实施健康武汉行动的通知》，进一步加快推进《规划》实施落地，同时明确了要“推动以治病为中心向人民健康为中心转变”，表明了武汉市建设健康城市的根本工作思路正逐步从病后的治疗向病前的预防转换。同时，在《规划》的基础上，创新性融入全生命周期健康的相关内容，将健康服务的人群范围从传统弱势人群向全部人群扩展。

六、武汉市健康社区规划实践

（一）选取原则

武汉市全域范围 8569km^2，2020 年常住人口 1244 万人，共 7 个中心城区、7 个远城区（开发区）、1 个风景区，156 个街道办事处，1431 个社区居委会，1805 个村民委员会，老旧小区（社区）大部分分布在 7 个中心城区内，具有迥然不同的建成条件、社会和经济发展条件。在对案例进行选取的过程中遵循了以下几个原则。

1）社区分布特点突出。案例应尽量位于不同的城区，能代表各自城区的典型特征，尽量避免同一城区的多个案例重复选择。

2）社区具有典型代表性。按照上文对武汉市社区的分类，案例选取时应兼顾各种类型，应全面反映传统街坊式社区、单位老旧社区、商品房老旧社区以及房改房老旧社区、保障性住房老旧社区等 5 种典型社区类型，并具有一定的代表性。

3）社区居住人群特点不同。对于居住在社区的人群也应遵循广泛、全面的原则，不局限于某一个或某一类居住人群。

4）能体现新时期健康社区规划特色。在选取时，应考虑到各个老旧社区的在地性特征，不仅考虑选取不同类型社区，更应考虑在下一步工作中结合健康社区理念时，能反映出各自不同的侧面。

根据前文所提及的武汉市 5 种典型社区类型和上述原则，本次选取了分布在 5 个中心城区的 5 个老旧社区作为健康社区的武汉实践案例，分别为汉阳区知音东苑社区、武昌区东亭社区、硚口区幸乐社区、青山区通达社区、江岸区六合社区。

（二）知音东苑社区——平疫结合的社区空间营造策略与实践

1. 社区规划背景

知音东苑社区是20世纪90年代建成的老旧社区，位于汉阳王家湾江汉二桥街，龙阳大道—琴台大道—玫瑰街—知音东路围合区域，总占地面积10hm^2（图6–1）。根据《城市居住区规划设计标准》GB 50180—2018中提出的5分钟生活圈内步行距离300m、居住人口5000～12000人等规定，预估5分钟生活圈的用地面积为8～18hm^2，故知音东苑具备了5分钟生活圈构建的适宜规模。社区内包含知音东苑社区（知音东村、桥东村）及国信新城2个社区，共有居民楼46栋，单元门栋157个；居民3012户，人口8056人。除此以外，地块内包含若干办公、学校、停车及城市公共服务建筑（知音小学、少儿体校、交通设计院、中医院、北大资源首座、世纪星城、立体停车库、中百超市等）。

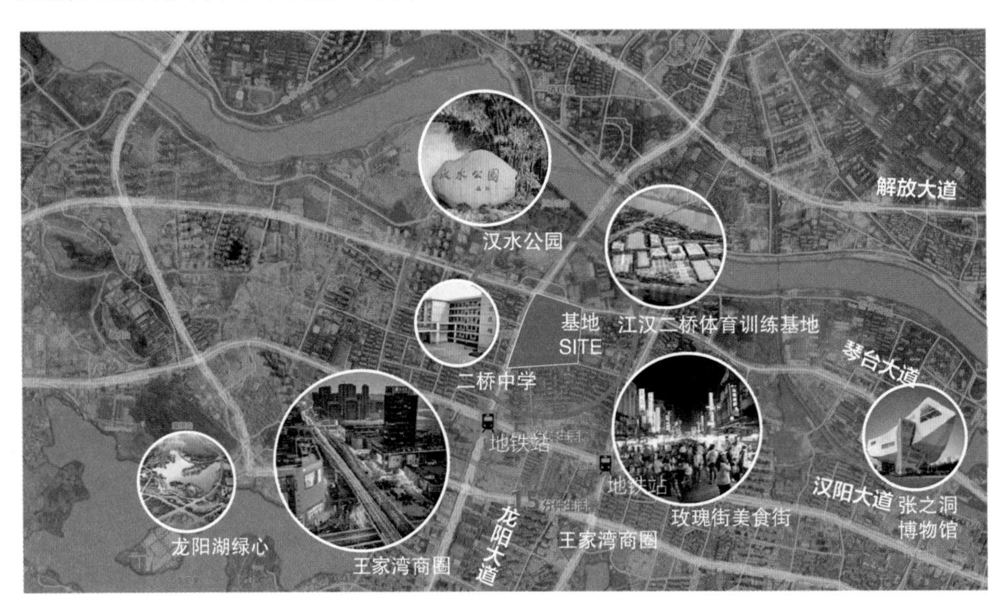

图6–1　项目区位图

知音东苑社区虽然年代较久，设施老旧，但仍然凸显出20世纪90年代武汉市安居工程建设的特征与优势。社区风车状骨架结构不仅形成天然的组团划分，也构建了公共服务和公共空间整体格局。道路系统外部方便到达，内部系统“顺而不穿，通而不畅”。社区中心布置一处面积达0.6hm^2的绿地公园，社区的人均绿地面积达到了1.25m^2/人。生活配套完善，文体站、社区诊所、银行、学校及快递驿站均有设置。除此之外，还包含一条特色饮食夜市——“玫瑰街”。居民有着丰富多彩的全天候生活线路，早上过早、买菜、逛超市，下午健身会友、上餐馆，晚上夜市小吃、大排档，生活气息十分浓厚（图 6-2）。疫情期间，其他服务及商业设施关闭，社区内部的中百超市在物资供应方面发挥了重要作用。现状较为丰富的各类服务设施配置，也为平疫结合 5 分钟生活圈的构建奠定了基础。

图 6-2　场地现状功能图

2020 年 2 月至 5 月，武汉市自然资源和规划局统筹安排了对知音东苑社区的对口帮扶工作。2020 年 2 月 4 日至 5 月 8 日，原武汉市交通发展战略研究院第二、三支部的 12 名党员对口帮扶汉阳区知音东苑社区，开展了暖心帮扶工作，高效高质地完成团购物资、购药送医、值岗测温等各项工作，力所能及帮助社区解决各类困难。

在武汉市自然资源和规划局的指导下，原武汉市交通发展战略研究院联合武汉市规划设计有限公司共同深化规划进社区行动。结合深入帮扶观察的思考，针对知音社区人居环境及社区管理等方面问题积极开展社区改造工作。目前，知音东苑小区已纳入汉阳区 2019～2021 年老旧小区改造名单。因其适宜的规模及特征，知音社区也成了研究与实践平疫结合 5 分钟生活圈构建的合适对象。

2. 社区现状问题分析

通过社区下沉、现状调研、问卷调查及居民访谈等方法，发现目前知音东苑社区仍然存在以下一些问题。

（1）内部功能结构复杂，非连续围挡院墙遍布，但未起到引导空间和人流的作用

兴建之初，知音社区由多个单位的宿舍住宅组成。为分隔各权属单位院落，在各权属边界或组团绿地周边建起了围墙。随着时间推进，部分围墙被破坏拆除了，部分院落连通使用使得围墙失去作用，还有一些一层住户为圈地自用建了新的自家围墙。断续围墙不仅影响环境品质风貌，使得社区内部流线混乱，居民归属感和安全感降低，更影响了外来访客的基本方向感。

实际上，知音东苑社区主干路网骨架明晰，社区内部形成了天然的四大组团划分，这四大组团与社区网格划分也是较为对应的（图 6–3）。疫情期间，线上线下同步的网格化管理凸显出其在社区治理工作中的重要性。相比起来，无序的围墙更加没有发挥它应有的作用，反而成为社区的累赘（图 6–4）。

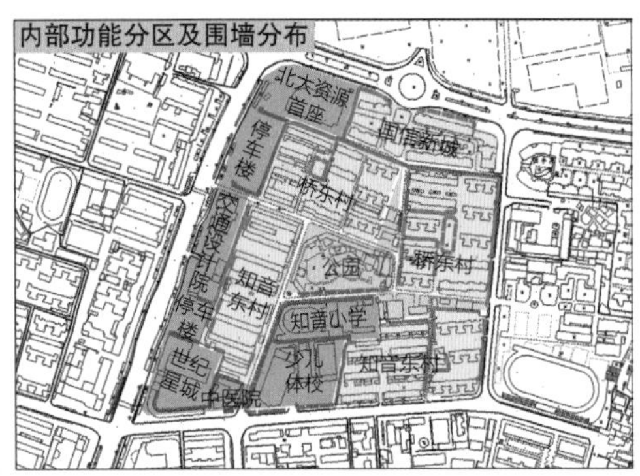

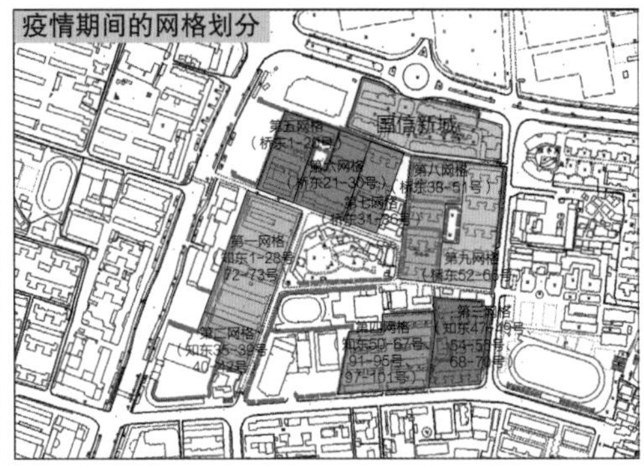

图 6–3　内部功能分区及围墙分布（左）、疫情期间的网格划分（右）

图 6–4　小区内围墙现状

（2）交通路权区分模糊，动态交通流线混乱，静态停车杂乱无序

社区内整体交通结构清晰，3 条主干路形成风车状主路网，连接 3 处对外出入口。尽管主路网设置合理，但路权区分模糊，人车争路，沿路停车挤压了通行空间，部分路段存在占道经营现象，学校门口路段在上下学时段人流车流混杂，影响了通行的安全与便利性。此外，连接各组团和组团内部的支路缺乏系统性，路网密度和完整性均较差，断头路居多。由于社区缺乏管理物业，内部停车杂乱无章，主要道路成为停车空间，道路通行受阻。内部支路及宅间绿地也停满了无序摆放的车辆，土地使用效率极低。

疫情期间没有居民日常出行产生，尽管部分道路被停车阻隔，尚能勉强保证医疗用车和物资运送用车的出入（图 6–5）。但为应对突如其来的公共卫生事件，应规划保障一套更为通达的生命线以及物资运送体系，而后，大量的机动车、非机动车、行人交通出行将相继产生，届时人车冲突、交通拥堵、抢占车位等问题会影响社区工作与生活的正常运行，需要提前谋划。

小区内机动车违停

机动车占用车行道、人行道停车

图 6-5　小区内街道现状

（3）公共空间及绿化面积充足，但居民满意度低，实际使用效率不高

知音东苑社区包含了一处中心公园，占地面积 6500m^2；同时包含数个小游园，人均绿地面积达 1.25m^2/ 人，完全满足了规范要求。但从问卷调研的数据来看，居民对绿化空间的满意度和绿地在占地面积上的优势并不匹配，与问题较为突出的交通状况评估满意度相当（图 6-6）。事实上，一方面，因为不必要的围墙阻隔，中心绿地和组团绿地可达性均较低，出入口只有 1～2 个；另一方面，因为公共空间的功能多样化及全龄性不足，休闲设施老旧损坏。有些场地看似空间充足，实际缺乏使用功能，成为闲置地，空间利用率及活力不高。这一情况在宅间绿地风貌上尤为突出，植被、铺地及设施杂乱，既未作为宜人的景观休闲场所使用，也没有成为高效的停车空间。

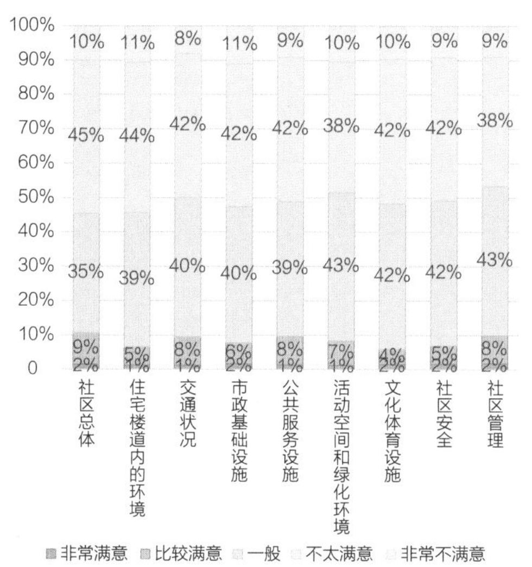

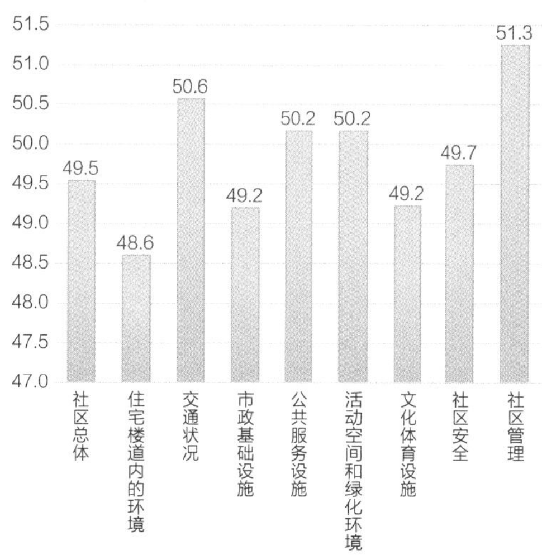

图 6-6　居民社区满意度调查情况分析图

知音社区本身条件尚可，但未充分利用，未发挥其价值。

（4）部分公共服务设施规模不足、功能品质有待整合提升

社区毗邻王家湾商圈，生活便利，总体上内部各类公共服务设施较为丰富、齐全。根据《城市居住区规划设计标准》GB 50180—2018 中 5 分钟生活圈建设标准，对社区公共服务设施建设情况展开评估，仍存在以下问题：一是部分公共服务设施的规模不足，包括幼儿园、社区服务站建筑及用地规模不足；二是部分公共服务设施功能布局不合理，主要表现在文体站运动区紧邻小学，噪声对教学干扰较大。社区主干道商业外摆摊设点随意，占道经营，污染街道卫生环境。社区周边现有 9 个连锁药店，已实现 300m 服务半径全覆盖；同时分布了中医院二桥分院、社区卫生服务站及私人诊所等 5 所医疗机构，基本实现 500m 全覆盖（表 6-1）。

公共服务设施现状建设情况评估表 　　表6-1

<table>
<tr><td rowspan="9">公共服务网络（5分钟生活圈）</td><td rowspan="9">公共管理和公共服务设施</td><td>教育</td><td>1. 东方日出幼儿园：市二级；
2. 知音小学：24 班</td><td>1. 幼儿园：建筑面积 3150～4550m²，用地面积 5240～7580m²；
2. 18 班小学</td><td>幼儿园：建筑及用地规模均不足</td></tr>
<tr><td>医疗</td><td>1. 中医院二桥分院、武汉中日友好诊疗院；
2. 社区卫生服务站：131.70m²；
3. 私人诊所若干</td><td>卫生站 120 ～ 270m²</td><td>—</td></tr>
<tr><td>政务</td><td>便民服务点、红色物业服务站、社区安保队、党员群众服务中心、警务室、居委会、社区服务站，共 90.93m²</td><td>建筑面积600～1000m²，用地面积 500～800m²</td><td>1. 社区服务站建筑及用地规模均不足；
2. 社区治理能力存在短板</td></tr>
<tr><td>养老哺幼</td><td>知东养老院：985.16m²</td><td>350 ～ 750m²</td><td>—</td></tr>
<tr><td>体育</td><td>1. 文化休闲广场（含健身器材区）：851.53m²；
2. 江汉二桥街文体站（南部运动区）（含 4 个乒乓球桌、健身器材区）：1527.58m²；
3. 知音东村西游园（含 1 个羽毛球场地）：512m²；
4. 知音东村东游园（含健身器材区）：747.92m²</td><td>1. 小型多功能（球类）运动场地：用地面积 770～1310m²；
2. 室外综合健身场地：用地面积 150～750m²</td><td>文体站的运动区位于南部，紧邻小学，举办活动、广场舞等对教学影响较大（学校老师反馈）</td></tr>
<tr><td>文化</td><td>桥东文化站：463.76m²</td><td>250 ～ 1200m²</td><td>—</td></tr>
<tr><td>公厕</td><td>1. 东北小区东门公厕：95.05m²；
2. 文体站公厕：29.15m²</td><td>30 ～ 80m²</td><td>—</td></tr>
<tr><td>智慧便民</td><td>中通快递、妈妈驿站、菜鸟驿站 3 处快递收发室</td><td></td><td>1. 小区主要出入口没有小区平面示意图，不方便群众了解小区总体布局；
2. 没有落实“二维码”门牌上墙，“标准地址”上图</td></tr>
</table>

续表

公共服务网络（5分钟生活圈）	商业服务业设施	商业	1. 中百超市：1094.15m^2； 2. 底商； 3. 地摊（移动摊贩）		1. 随意摆摊设点，占道经营； 2. 商业业态较低端； 3. 鲜活产品供应仍需加大力度（鲜活鱼、鲜肉、时令蔬菜及水果），尚不能满足群众多样化需求； 4. 夜市人流密集，存在健康卫生风险

3. 基于平疫结合理念的 5 分钟生活圈构建原则

生活圈的构建分为理想模型及规划模型两种。理想模型以住宅为中心，按照理想的步行可达距离布局公共设施，没有具体的单元边界。规划模型则是以集聚公共设施的特定社区中心为核心，将相关的设施、住宅等要素在社区空间上进行布局形成的空间模型，边界可能是规划单元，也可能是道路、河流等空间分界线[①]。在规划实践中多采用第二种模型，也是本书中所讨论的 5 分钟生活圈基础概念。本书以第二种“规划模型”为研究基础，重点探讨与 5 分钟生活圈规模相对应的开放或封闭的居住单元。在现行《城市居住区规划设计标准》GB 50180—2018 中，从用地范围、建筑、配套设施、道路及居住环境几个方面分别对 15 分钟、10 分钟及 5 分钟生活圈提出要求。上海在 2016 年出台的《上海市 15 分钟社区生活圈规划导则》中，从住宅、就业、出行、服务及休闲几个方面提出 15 分钟生活圈构建的具体理念及方法。广州及成都等城市也结合新一轮城市总体规划编制提出了 15 分钟生活圈的目标[②]，从居民真实的城市生活出发，能够更好地反映居民生活空间单元与居民实际生活的互动关系，刻画空间地域资源配置、设施供给与居民需求的动态关系，折射生活方式与生活质量、空间公平与社会排斥等内涵，并与城乡规划相结合，成为均衡资源分配、维护空间公正和组织地方生活的重要工具。

根据以上研究基础，本书选择了空间网络、动静交通、公共服务以及休闲绿化四大板块作为平疫结合 5 分钟生活圈的构成元素，探讨一种既可灵活应对疫情，也能促进人居环境健康发展的生活圈构架，形成平疫嵌套的生活圈体系，主要内容如表 6–2 所示，并从 3 个方面对于该体系构建的原因展开说明。

① 刘泉，钱征寒，黄丁芳，等. 15 分钟生活圈的空间模式演化特征与趋势［J］. 城市规划学刊，2020（6）：97–104.

② 邓凌云，黄军林. 基于“15 分钟生活圈”的城市基层公共服务设施配置标准研究［C］// 2018 中国城市规划年会论文集. 2018.

平疫嵌套的生活圈体系表　表6-2

类别	5分钟生活圈要素	平时	疫时
空间网络	住宅组团	社区网格员线上线下日常事务的管理组团	二级组团、社区网格员疫时线上线下管理组团
	邻里中心	综合服务设施	物资调配中心
动静交通	公交车站	交通站点设施	—
	主干道	主要通行道路	应急车道、物资运送生命线
	支路	组团内通行道路	应急车道
	自行车道	自行车道	应急车道
	非机动车停车场（库）	停车设施	—
	机动车停车场（库）	停车设施	—
公共服务	社区服务站	管理设施	防疫管理中心 / 应急指挥中心
	幼儿园	教育设施	疏散
	托儿所	教育设施	疏散
	文化活动站（室）	文化设施	疏散 / 临时物资分发
	社区卫生服务站	医疗设施	应急隔离点 / 患者中心
	老年活动室 / 照料中心	医疗设施	应急隔离点 / 患者中心
	健身点（房）	体育设施	疏散
	超市	社区商业网点	物资转运及储藏中心
	菜场	社区商业网点	物资转运及储藏中心
	社区食堂	社区商业网点	应急后勤中心
	商铺	社区商业网点	—
	其他商业网点（银行、电信、邮政、快递、洗衣、药店、美发等）	社区商业网点	快递驿站可做应急物资分发中转站
休闲绿化	慢行步道（休闲、体育、文化）	体育 / 文化设施	应急车道
	中心公园	体育设施 / 绿地	疏散 / 物资分发场地
	口袋公园	体育设施 / 绿地	疏散 / 物资分发场地
	宅前绿地	绿地	疏散 / 封闭期活动场地

（1）梳理圈层空间网络，打造清晰的空间结构

表 6-2 中的四大板块，其中交通、公共服务及绿化均为各类关于 5 分钟生活圈的规范及标准中常规讨论内容。在此基础上，增加了对于用地结构及空间网络的控制引导，并将其作为平疫结合生活圈体系构建的首要板块。

在疫情前一般意义的社区生活圈中，路径和目的地是更被强调的元素，居民活动的发生是更受关注的因素，而居民的出发点影响力较低，在平疫结合视角下，因健康安全防灾的需求和重要性凸显，5 分钟生活圈必须具备易于管理、面对突发状

况能迅速响应的特征，故清晰的空间结构应该作为生活圈构建要求的一部分。

目前的主要研究认为社区应作为最小防疫单元，笔者更倾向于进一步细化，将住宅组团作为最小防疫单元。一是从管理角度出发，住宅组团才是各网格员的具体管辖范围；二是从空间结构出发，即使是在疫情时期，5 分钟生活圈中依然会发生许多不可避免的活动，如物资的分发、病员的转出等，规模更小更细化的住宅组团则是安全性更高的防疫细胞。因此，应形成邻里中心（社区服务中心）—住宅组团的两级空间结构，以邻里中心为中心，平时作为综合服务设施，疫时作为整体调配中心使用；以住宅组团作为最小管理单元，平时为社区网格员线上线下日常事务的管理单元，疫时作为最小的独立组团及线上线下管理单元。

（2）加强公共服务功能混合，平疫设施嵌套化建设

公共服务设施是各类生活圈包含的核心要素，加强公共服务功能的混合利用则是解决城市更新、老旧社区改造的重要手法。对于平疫结合 5 分钟生活圈中各类公共服务设施的改造升级，既要保障老旧社区改造公共服务功能的整合与增补，也要融入对于疫情响应的相关功能，以社区改造升级为契机，全面提升与完善老旧社区公共服务水平。

结合下沉社区的防疫经验，围绕疫时的公共服务功能需求展开论证，主要包含了组织管理、救助防控及生活必需 3 个方面的需求。组织管理功能主要依托平时的社区管理场所，便于社区工作人员向上级与相关部门汇报防疫情况，向下对接下沉人员与社区志愿者、协调各类工作及管理社区居民情况等。救助防控功能包括病员的出入与隔离、密切接触者的隔离、其他病患与老人的临时救助及看护等，主要依托社区主干路网形成生命线通道、依托现有的社区卫生服务站作为医疗救助设施、依托不同规模的公共服务设施布置临时隔离点、依托大型空旷场地作为防灾疏散场所。生活必需的功能包括疫情时期的物资发放、买菜外卖及快递接收等不可避免的生活类功能，主要依托生活圈内现有的商业设施、快递收发站、各组团出入口或社区中心活动场地布置。除此之外，针对居民室外活动的需求，应结合各组团的宅前绿地及组团绿化布置，保障防疫安全的同时顾及居民的心理生理健康。

通过防疫功能与场地的全面对接，建立起了 5 分钟生活圈各类公共服务设施的平疫功能嵌套体系，作为社区的疫情防控预案，形成全链条防疫的功能清单。

（3）挖掘灰空间使用潜能，带动社区品质提升

城市的韧性一方面体现在应对突发公共卫生事件的应急能力，另一方面也体现在普通状态下每一个生活圈是否能保持健康运行的状态。因此，为保障疫后长期稳定地实现健康社区的建设与改造，除了明确各类空间、设施等平疫嵌套的对应功能，也应加强“平”时的健康社区建设，带动社区品质升级。对于城市建成区，大部分小区缺乏可向外拓展的增量空间，故应着力挖掘现有空间的使用潜能。尤其是对于老旧小区而言，社区内遍布的一些脏、乱、差或废弃的消极空间反而给了社区更多机会，转变消极空间为积极空间，提升土地利用效率。当社区内出行目的地增加，能够促进居民的步行。混合土地利用也有利于鼓励老人活动。从设计思路上来说，应参照已发布的生活圈建设标准，明确服务设施的缺失点后，结合调研中发掘的未被合理利用的建筑、场地等空间提出设计思路与详细方案。例如，改造利用道路及两侧的灰空间，将道路用地与公共空间混合使用。通行是道路的主要功能，而在建成的住宅区内，社区道路与场地的边界比较模糊，断面具备很大的优化空间。将道路、场地与建筑前区统筹考虑，让车行空间给非机动车，让道路空间给绿化场地，更能鼓励人们步行出行，并进行更多的户外活动，从而提升了社区健康水平。同样的思路可用于公共服务设施与绿地的混合利用、公共服务设施之间的混合利用等。

4. 社区营造实践应用

根据前文所述的平疫结合 5 分钟生活圈构建原则，结合下沉数月的工作经验与对社区的观察，提出知音社区改造更新方案。根据平疫结合的 5 分钟生活圈要素嵌套表，以 4 个主要板块开展规划设计，并形成社区改造方案（图 6–7）。

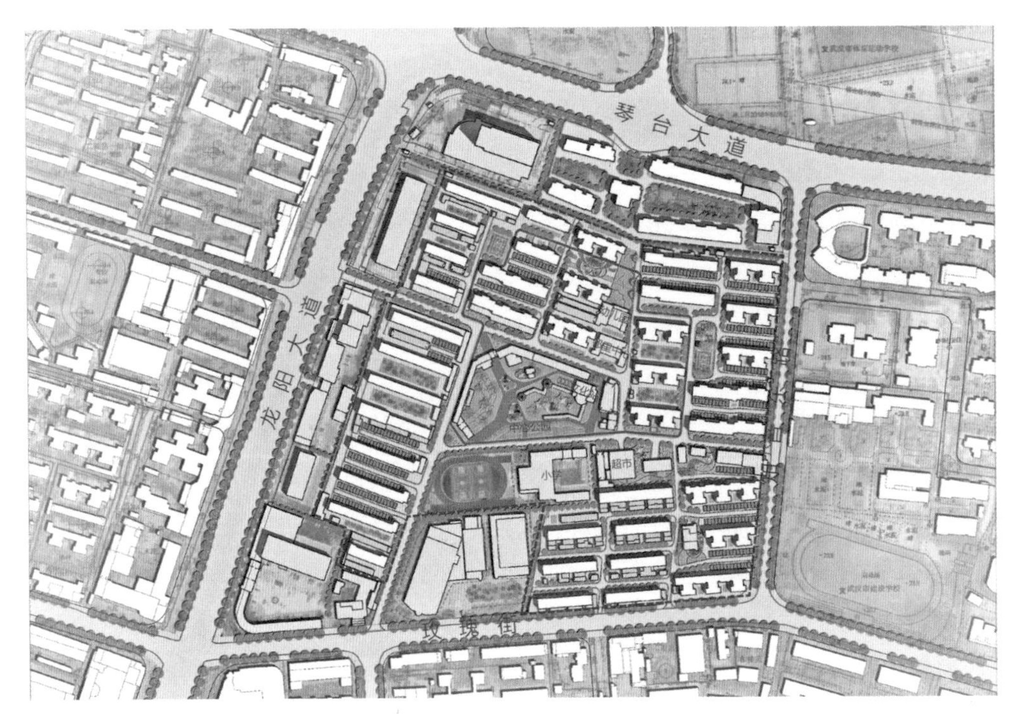

图 6–7　规划设计方案总平面图

（1）健康格局——促进邻里共享，重塑安居空间格局

首先依托风车状路网形成的社区骨架，提炼出整体“一心四坊”的总体结构。“一心”指由中心公园和文体站形成的核心社区活动中心，“四坊”指四大居住组团。同时，对社区现行的 9 个网格进行微调，保证 1 处居住组团包含 1～3 个管理网格，并对线上网格微信群进行整合归并，调整均衡第一网格及第二网格的规模，保证每一个网格微信群的管理住户数量保持在 200 户左右（图 6-8）。

组团	网格	单元
组团一	第一、二网格	知东 1～28、35～42、72～73号
组团二	第三、四网格	知东 47～70、91～95、97～101号
组团三	第五、六、七网格	桥东 1～36号
组团四	第八、九网格	桥东 38～65号

图 6-8　网格划分与规划结构图

同时，根据四大居住组团的划分，制定围墙拆除与改造方案，采用社区微改造的手段塑造组团边界，以此强化防疫组团的实用性。首先拆除组团内部割裂交往与活动空间的无效围墙，开放组团绿地，增强可达性和社区融合。每个组团按不同的特色主题色彩设置标识引导系统，增强识别性和居民归属感。判断可继续保留的围墙，并通过垂直绿化、艺术涂鸦、穿墙打洞、增设座椅等多方式美化整治，提升社区形象和共享活力。

拆除无效无用围墙，开放公共空间，保留与美化分隔各组团，或分隔组团与社区外部空间的围墙。改造后的 5 分钟生活圈内功能结构清晰，住宅组团的功能性得到真正的落实，既是疫时的最小防疫单元，也是平时的管理与生活单元（图 6-9）。

（2）健康交通——组织有序通行，构建畅达交通体系

基于现状道路的问题分析，明确各类各级道路应承担的主要功能，完善社区内部道路交通体系。强化 3 条主干路的骨架功能，取消全部主干路路面停车，将停车

位向支路及宅间空间布置，保障疫时的社区生命线通道通畅，保证平时社区主干路网通行能力。局部调整道路断面形式，设置小学前主干路段为单行道，减少通行量，保障上下学的安全。梳理组团之间通行流线以及组团内部支路网等级，结合围墙打通方案，去掉不必要的铁门阻隔，确保内部每栋每单元的可达性以及内部流线简明顺畅。投资 230 万元增设分散与集中车位 416 个，合理利用宅前空间，解决机动车乱停乱放对慢行的影响。

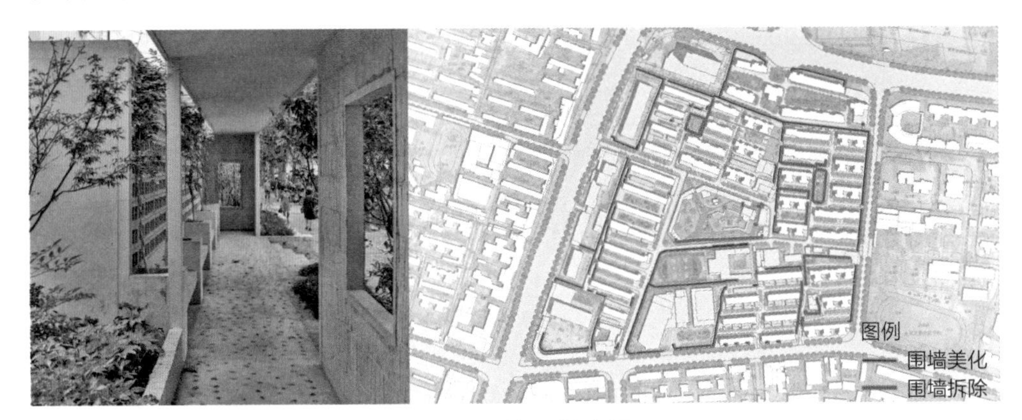

图 6-9 围墙改造规划图

疫情期间，交通处于停滞状态，除了必要的医疗及物资运输用车，出行交通量较少，此时主要考虑保障社区主干网络的通行顺利，无停车等阻碍。疫情峰值过后，社区未完全开放，但部分贩卖生活必需品的商贩开始营业，快递及外卖送餐业务开始恢复。此时，基于生活圈内弹性的居住组团结构，保持组团及组团内部道路的畅通，能允许外送人员进入社区主干道，保证了社区防疫要求和居民生活需求，提升了社区韧性（图 6-10）。

（3）健康空间——彰显市井生活，打造活力公共空间

充分挖掘未合理利用的消极空间，主要以道路、组团绿化及中心绿化为改造提升对象，加强现有空间的使用效率，赋予明确而丰富的使用功能。

对于交通路径空间的营造，首先在实现 3 条主要道路零停车的基础上，打造风车状路网的全天候生活流线，针对每条道路现状情况，重构道路功能，塑造各具特色的社区主要道路空间。分别提出 6 条特色街道的功能体系，包括：过早街、童嬉街、宵夜街、书香街、悦享街以及乐活街。过早街，规整店招、提升街道汉味特色；童嬉街，围绕居委会、幼儿园，突出童嬉趣味；宵夜街，保留市井宵夜一条街，改善街道环境；书香街，取消路面停车，优化街道品质；悦享街，围绕知音公园美化沿街景观；乐活街，围绕学校提升街道品质（图 6-11）。

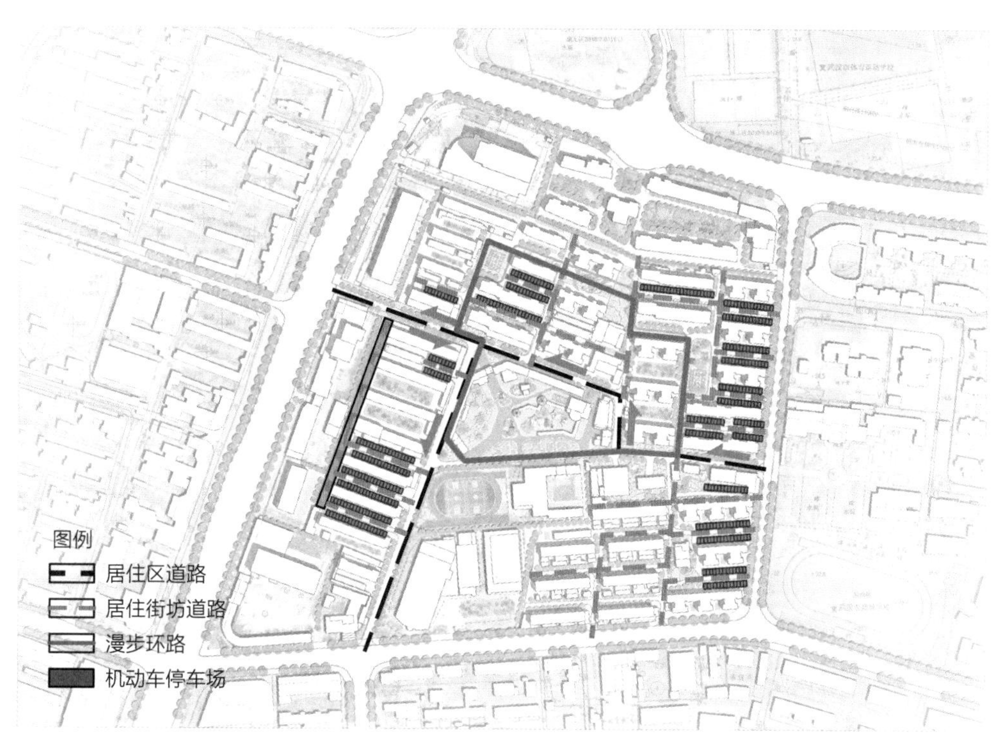

图 6-10　交通系统规划分析图

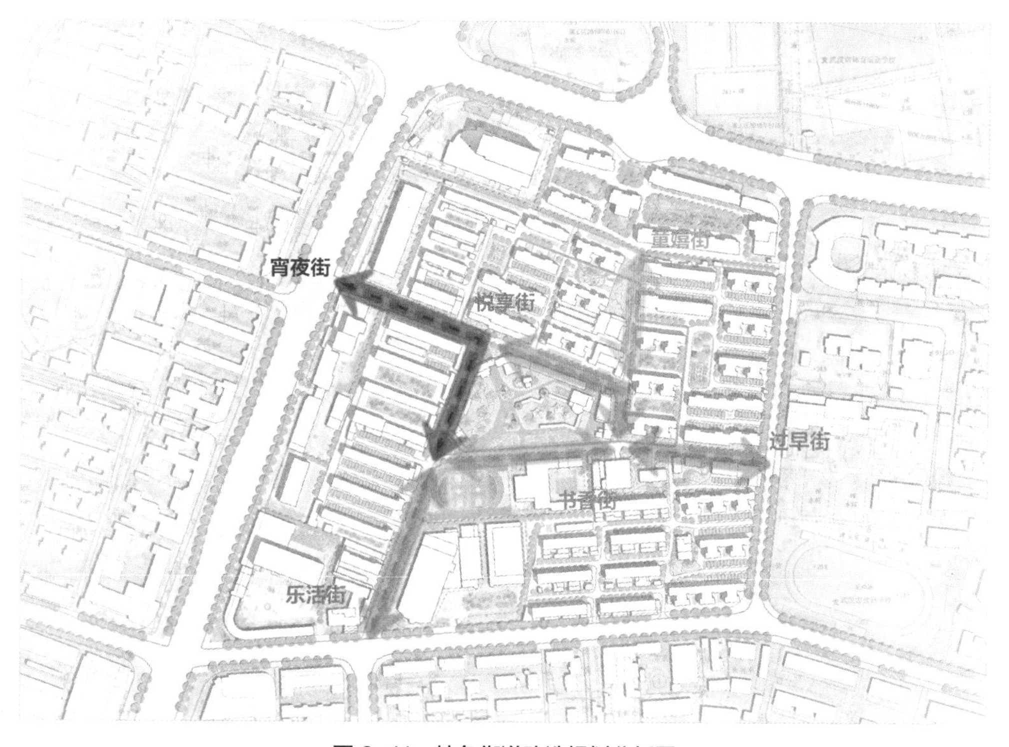

图 6-11　特色街道改造规划分析图

对于使用场所的改造利用，以“全龄全民”共享为主要思路、布置均质而层次分明的公共空间体系，安排老少皆宜、动静结合的活动主题，整体打造活力知音。打造 1 个中心公园，提供社区中心广场、露台影院、休闲广场、开心菜园等活动功能，设置 1 处形象标志；重构 2 个社区广场，复合社区公共服务和活动交往等功能。改造 3 个组团游园，形成 3 个全龄游园；打造 1 个共享操场，定时段全民共享操场；营造 1 条漫步环道，提升环道景观带绿化（图 6–12、图 6–13）。

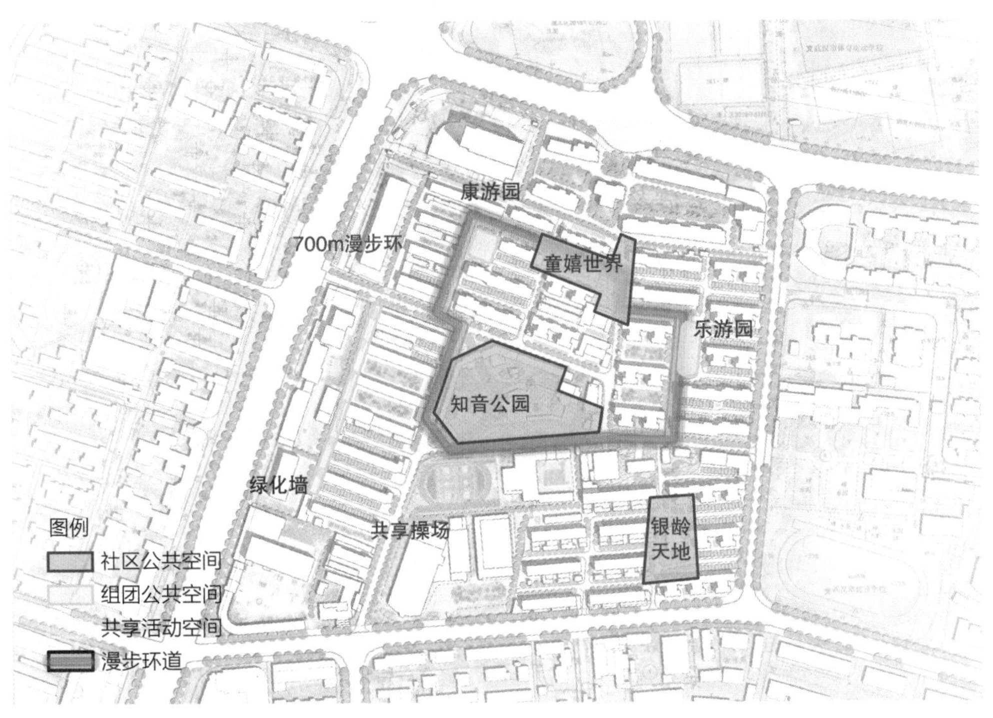

图 6–12　公共空间规划分析图

图 6–13　漫步环道规划设计及意向图

以位于社区中心的绿化公园为例，针对其主要问题，通过整合现有资源、利用消极空间、改造现状设施以及调整功能布局等“小规模、低投资、微改造”手段，发挥老旧社区空间的最大效用。中心绿化公园现状占地面积大，植配丰富，绿树成荫，不仅能服务5分钟生活圈，也是15分钟生活圈范围内居民的休闲目的地。针对现状问题，首先对公园进行功能重构，明确动静活动、年龄结构分区，充实中心绿地可承担的功能。公园中心利用现状长廊和小品，重整铺装，避免裸露土壤带来的场地泥泞问题；布置居民活动广场，为目前使用公园最多的中老年群体保留最大的活动场地，继续举行舞蹈、聚会活动。紧邻学校的一侧新增较为安静菜园及花圃区域，在丰富中心绿地功能的同时，缓冲了公园噪声对教学活动的影响，拓展了小学的儿童活动场地及家长等候区，缓解上下学拥堵问题。中心绿地西侧，也是靠近夜市街的区域，新增一处露天电影及餐饮外摆区域，丰富居民活动，同时缓解夜市街占道、缺乏停留休憩空间的问题。中心绿地北侧依托现存的一处废弃小火车设施，修缮老旧设施，同时增添并规整布置乒乓球台，作为儿童活动及居民的运动场地（图6-14）。

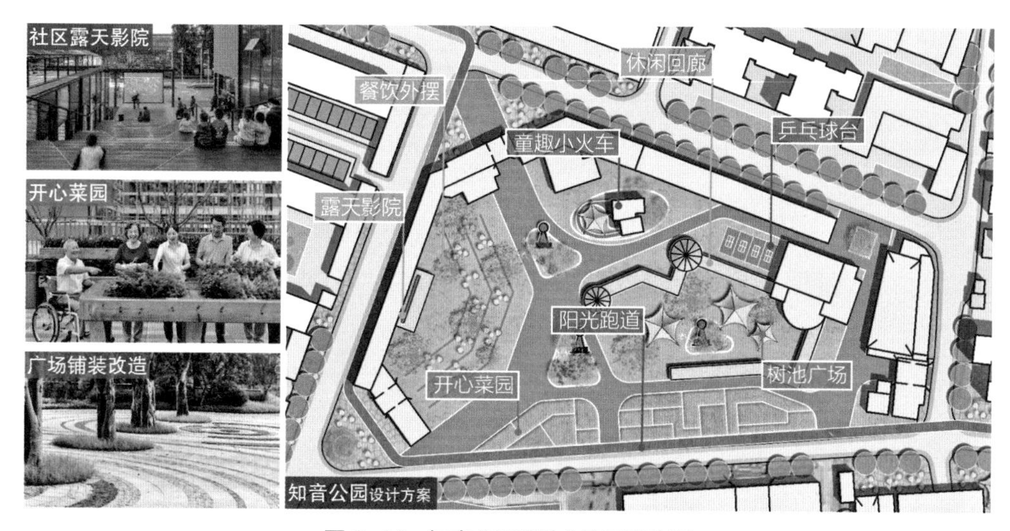

图6-14 知音公园设计方案及意向图

（4）健康服务——挖潜内部资源，整合全龄公共服务配套

首先基于现状问题分析，秉承公共服务功能混合利用的理念，结合现状情况，对5分钟生活圈规范要求中设置不足的设施进行补充规划（表6-3）。针对幼儿园建筑及用地规模不足、社区服务站建筑及用地规模不足的情况，考虑幼儿园及社区服务站处于同一区位，则共同利用相邻的小广场场地作为幼儿园以及社区服务站的活动场地补充，形成三位一体的土地混合利用模式（管理设施、教育设施与绿地混

合利用），即整体打造童嬉世界小广场节点。针对文体站、中心公园与小学位置相邻、噪声相互打扰的情况，对中心公园的运动活动空间进行了重新排布及动静分区（教育设施、文化设施、体育设施与绿地混合利用）。针对养老院周边场地破旧，与周围住宅组团相孤立的现状，整合养老院周边场地，最大化利用南边闲置空地，布置休憩、漫步、社交等功能的老龄友好设施，打造“银龄天地”，成为周边住宅的组团绿化中心（养老设施、医疗设施与绿地混合利用）。在此基础上，依托T字形的社区主要功能轴线，形成完善的5分钟生活圈公共服务网络。此公共服务网络不仅涵盖5分钟生活圈的方方面面，同时包含了小学、公园绿地及养老院等应属于15分钟生活圈包含的内容，可进一步辐射周边，带动地区共同健康发展（表6–3、图6–15）。

公共服务设施混合功能利用示意表 表6–3

混合功能	街道空间、商业设施与中心绿地混合利用	街道空间与商业设施混合利用	管理设施、教育设施与绿地混合利用	教育设施、文化设施、体育设施与中心绿地混合利用	养老设施、医疗设施与绿地混合利用
规划设计方案					

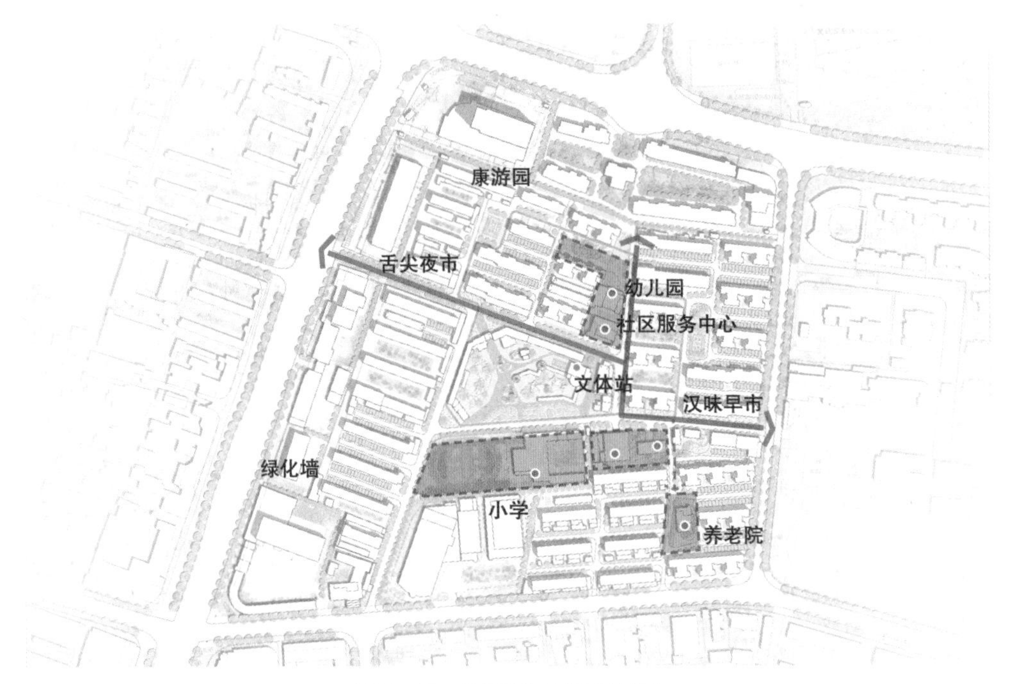

图6–15 公共服务系统规划图

根据5分钟生活圈公共服务设施平疫结合的功能嵌套表，明确知音社区各类公共服务设施在应对突发公共卫生事件时的复合利用功能，提出对应的功能嵌套详细内容（图6-16）。疫情期间，知音社区的社区服务站作为平时的事务管理中心成了防疫指挥中心，下沉干部临时党支部与社区自管党员、居民志愿者、下沉社区的非党员等45人在这里完成了各项事务的讨论与分工工作。社区文化站作为室内建筑，具备一定的建筑规模，可作为应急隔离点。中百超市作为平时周边居民的便民买菜场所，在本次疫情期间起到了为居民保障食物和基本生活物资供应的功能，起到了重要的保障民生作用，可在疫情期间作为物资转运及储藏中心。尽管社区统一组织的生活保障物资能够满足基本要求，但疫情期间鲜活产品供应仍需加大力度，需要5分钟生活圈外围大型的家乐福超市的供应介入才能完全满足居民需求。社区内部大小公共绿地可作为疫情时物资分发的场地，具备充足的排队空间（人与人之间相隔1m以上），也可设置临时的快递收发点，疏解快递驿站在疫情时期的收发任务。

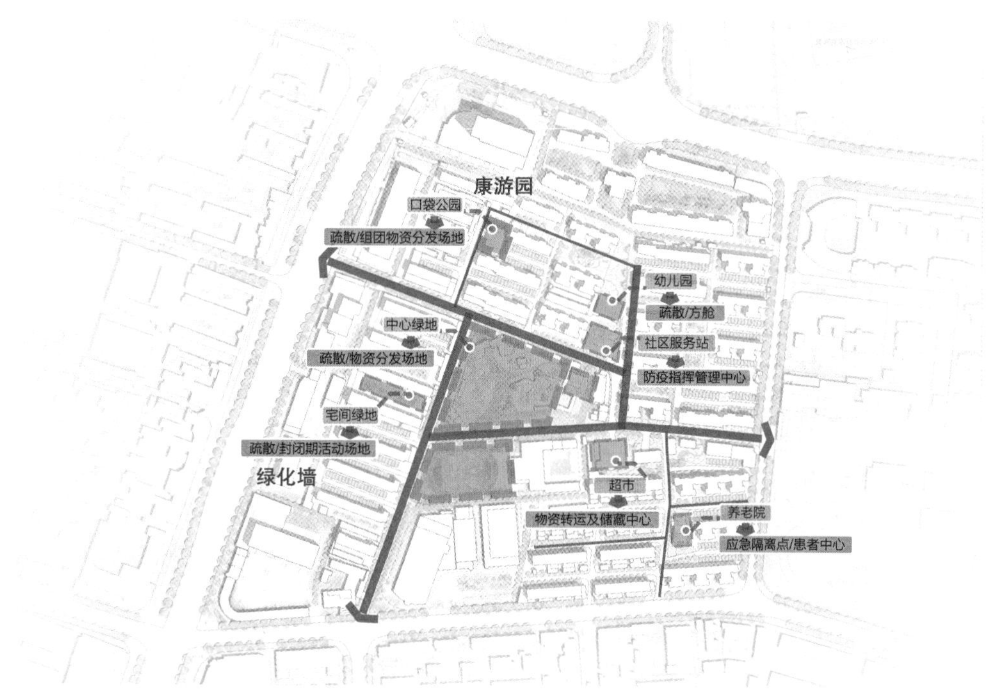

图6-16　平疫嵌套的公共服务设施功能复合利用分析图

5. 小结

本书以平疫结合为思路，强调各类用地、空间及功能的混合利用，探讨一种既可灵活应对疫情，也能促进人居环境健康发展的生活圈构架，形成平疫嵌套的生活圈体系，补齐应对突发公共卫生事件的能力短板，从而整体提高城市健康水平。

“疫”时的生活圈功能是以安全防灾的角度为城市制定最基层的防疫预案，在物质空间中不一定会有短期明显的实施效果，却能让城市各个层级的管理人员做到心中有数，也是对城市传染病防灾环节的关键性补充。

“平”时的老旧社区与生活圈改造升级工作，是逐步建立健康城市的基础保障。只有“平”时按照规划稳步推进每一个5分钟生活圈的构建，才能在“疫”时不慌乱，迅速响应，同步调用平疫嵌套设施的防疫功能。

在基层防疫工作中，社区面临的也不仅仅是设计与空间层面的问题，同时还存在许多社区信息化建设滞后、物业管理缺失、居民与商户之间矛盾凸显等非物质形态的问题，本书主要阐述了如何从设计层面介入平疫结合5分钟生活圈构建，而对于设计方案落地实施的资金筹措，社区可持续自身造血的路径是下一步值得深入探讨的命题。同时，本书讨论的案例为地处城市中心区的老旧小区，生活气息浓厚，公共服务设施较为丰富，对于生活圈的构建本身基础较好。而对于如新建小区或公共服务设施更为缺乏的地块和地区，设计思路可能要有转变之处，研究范围也可能进一步扩大。唯一不变的是，应更加重视对于基层防疫单元的建设，不断积累经验，与宏观政策相协调、相衔接，继续深化规划师下沉社区及一系列的延续工作。

（三）东亭社区——突发公共卫生事件背景下的社区应对与治理

1. 社区基本概况

东亭社区位于武汉市武昌区水果湖街道北部，邻近二环线，北侧紧邻黄鹂路，与楚河汉街和岳家嘴商圈毗邻，区位优势明显。社区周边布局有轨道交通4号线和8号线，并设置有东亭站和省博物馆站两个轨道站点，对外交通联系便捷。社区周边分布有省博物馆、省美术院、省书法院等较多文化设施，整体文化生活环境与艺术氛围较好。东亭社区始建于1985年，属于老旧小区，辖区面积0.48km^2，是武汉市第一个商品房社区，共有建筑104栋，层数多为6～8层，均未装电梯，内有区市场监管局、东亭中学两处对外单位。社区共有4432户居民，人口15400人，65岁上老人1700名，占社区总人口11%，人口特征呈现严重老龄化，离退休人群居多。社区被划分为10个网格，基层社区工作者一共16人（图6-17）。

图 6-17 东亭社区鸟瞰图

2.“四级联防”网络

第一级防疫网络以“社区”为基本单元，围绕东亭社区党组织为中心。其由街道办和社区党委派驻守下沉的社区工作组和社区工作人员共同组成，以社区综合服务中心为驻点，形成防疫总指挥部、医疗及生活物资中转站、信息传达站、人员集结站等。具体任务包括以下 5 个方面：一是资源统筹，精细化制定疫情防控的具体工作事项，一方面对接上级下达的指令，另一方面落实基层防疫主体反馈的要求；二是组织协调，构建社区居民可直接联系社区负责人的制度，强化社区内各单位的防疫知识体系与健康社区空间规划策略的宣传平台；三是制度保障，鼓励多元主体协同配合，各司其职互利互惠，同时开展绩效监督问责机制，在各管理部门横向组织框架下实现社区网络内部联防；四是筛查统计，实行日常督促及巡查，记录相关情况；五是管理监督，对第二级、第三级和第四级防疫网络工作职责的履行与推进进行监督，并做综合分析评估。

第二级防疫网络以“小区组团”为基本单元，以小区党支部和居民小组为实施主体。其由小区业主委员会成员、社区民警、小区居民和社会志愿者（共 153 人）等共同组成。具体任务包括以下 4 项：一是排查检查。协助社区工作人员调查社区常住及流动人员情况。二是信息传达。通过张贴宣传海报、派发宣传单和发送微信及手机短信提醒等方式实现信息全覆盖。三是卫生保障。对小区楼道和垃圾回收点进行日常化消杀处理，实行垃圾分类并及时转运；提醒居民个人防范，如口罩佩戴和体温测量等。四是调解纠纷。受理小区内居民与社区和居民之间的矛盾纠纷。

第三级防疫网络以“楼栋”为基本单元，楼栋长为防疫网络的负责人。楼栋长由每栋楼的党员干部、居民代表和社区志愿者等担任。东亭社区现有105名楼栋长，其具体任务包括以下4个内容：一是，实时报告，建立“应急处置”微信群，楼栋长为群主。二是执行与落实上级防疫网络的管控要求。三是信息收集，协助重点人员管控与信息资料收集；提供相应的生活帮助。四是检查监督，不定期对楼栋的卫生环境进行检查，督促居民保持楼道干净整洁，及时制止不文明行为等现象。

第四级防疫网络以“十户”为基本单元，在疫情期间形成小范围的互助小组，在保证每户基本生活的情况下，有余力帮助其他有需要的住户，同时也可以起到相互监督、相互提醒的作用，面对突发情况也可以及时上报，避免遗漏。

3.“一办七组”行动计划

东亭社区在常态化治理阶段为了激发居民兴趣，引导居民参与自治，已培育形成了34个社区团体，涉及便民服务、义工关怀、邻里互助、文体娱乐等领域。东亭社区积极动员社区管理人员和普通居民，通过重组社区团体和新招募社区内不同专业背景的人群，以社区综合服务中心为核心实施“一办七组”行动计划。该计划以协调应急管理和常态化服务为目标，积极参与到社区应急治理的过程中，合理分配治理工作，提高工作效率。“一办七组”指的是以管理办公室为主体，七大专业小组（医疗救护组、物资保障组、信息宣传组、交通疏导组、疫情防控组、环卫保洁组、监督检查组）为支撑的东亭社区应急管理组工作体系。

管理办公室是社区治理工作的总指挥部，主要职责：一是收集上级政府机关下发的相关文件、规范和指南等资料，并下发到各个专业小组予以落实；二是对接外部单位，如医院、消防、公安和下沉企业机关等，做好防灾减灾、安全保障等组织与协调工作；三是调查与统计社区内人员情况。

医疗救护组承担社区内不适症状人员的应急救治工作。在医疗救治方面，负责为有医疗救助需求的社区居民讲解医疗知识，初步诊断病情并制定临时医疗救治方案。对发热人员的身体状况进行观察与记录，向上级医疗机构汇报。除此之外，积极主动地开展心理援助工作，定期为独居老人提供上门医疗援助等。在医疗物资管理方面，对相关药品、医疗器械、消毒产品和防护产品等进行监管与分配，按需保障供应（图6–18）。

物资保障组主要负责物资的管理、接收、分配和制定采购计划等工作，根据社区实际情况建立物资的采购、储备、调拨、配送、监管体系。优先保证蔬菜、食、肉、蛋、奶生产以及水产品等食物的供应与分配，分拣打包“爱心菜”，切实保障社区居民“菜篮子”稳定。节约使用口罩、酒精、防护服等消耗性医疗物资，首先确保一线防控人员的防控物品配备。与此同时，定期公开防控物资采购清单、调配清单、库存清单、接受捐赠清单，接受上级管理单位和社区居民监督（图 6–19）。

信息宣传组负责上级要求的传达、日常生活信息的公告、健康知识宣讲和社区居民反馈意见的收集等工作。通过“线上＋线下”相结合的方式推进宣传全覆盖，向社区居民传达权威媒体发布的信息，引导群众提高自我防护意识。依托“武汉微邻里”信息平台，提供人员信息自助登记通道，提前做好人员信息网上登记，缩短核查、检测时间。

交通疏导组主要负责社区内部机动车道的通畅和与外部交通的衔接任务。东亭社区属于老旧社区，社区内楼栋间距小、机动车道窄、停车位严重不足。小组通过临时拓宽道路、拆除围栏、规划单向车道等方式形成了“一环、三轴”的社区交通疏导系统，有效保障了救护车能到达每栋楼下的绿色通道和物资运输车辆接驳的快速通道（图 6–20）。

图 6–18　居民健康检测　　图 6–19　物资统筹分发现场　　图 6–20　小区应急车道

应急管理组以东亭社区派出所下沉民警和社区保安为主，负责应对突发公共卫生事件，疏导社区居民，帮助医疗救护组对社区内产生不适症状人员进行健康检测（图 6–21）。

环卫保洁组每日安排部署消杀工作，安排专人身穿防护服，手持消毒喷壶对各社区公共场所、垃圾堆放点、街道、下水道等进行消毒消杀，严格对辖区楼道内进行清洁、消毒和通风。同时，宣传垃圾分类相关知识，提醒社区居民自觉开展居家清洁和消毒，积极引导居民将生活垃圾投入地埋式垃圾箱，并及时转运清理。

监督检查组主要指东亭社区有名的“七宝巡逻队”（图 6–22）。该巡逻队成立于 2016 年，由社区退休老党员和各楼栋长等 49 人组成。每天 7 名队员相约为一组，身着统一服装、佩戴袖章在社区执勤，在小区内不间断巡逻，确保居民健康安全。同时，对社区内商业店铺、菜市场进行宣传，引导前来购买的市民群众有序排队。在夜间，提示社区居民关好门窗、水、电和煤气，按时检查消防设备等。

图 6-21　健康管理

图 6-22　七宝巡逻队

4. “三维一体”信息平台

东亭社区自始至终认为信息的有效传达与反馈是反映社区应急治理水平的核心要素。因此，东亭社区逐步完善了包括线上、线下、线下与线上联动的“三维一体”信息平台，利用报刊栏、广播站、上门宣告、社区议事会和电子信息收发等方式搭建了一个利于社区居民内部群防群治的信息沟通平台。其主要内容包括以下三个方面。

1）建设线下沟通平台。首先，在社区重要节点的报刊栏、信息栏等地方张贴宣传告示，上门走访每户居民并派发应急手册；其次，利用社区“小喇叭”广播系统，分时段进行广播宣传，传达最新政策和提醒社区居民加强自我防范；最后，统筹协调辖区内以及周边的公共服务设施，包括综合超市、药店、菜市场等启动应急预案，有效保障物资供应，杜绝哄抬物价的现象，有效引导居民不要盲目囤积物品。

2）利用电话、短信、微信提醒、互联网留言板等电子通信工具建立线上信息共享平台。依托社区信息小组管理与运营的“武汉微邻里”微信平台和微信群转发相关政策，宣传普及防护知识。目前注册东亭社区的“武汉微邻里”微信平台有8000多人，基本实现一户一人的管理目标，其中4000余人以社区的年轻人为主。线上的交流让年轻人也变成了活跃在社区的忠实“粉丝”。东亭社区是第一批积极使用“武汉微邻里”信息平台的老旧社区之一，通过不断优化和修复系统不足，社区的信息技术人员将“武汉微邻里”这张信息服务网的优势发挥得淋漓尽致。信息平台上主要设置有“服务导航”功能，其核心内容包括政务服务、生活服务、法律服务、文体服务、志愿服务、党员服务，社区居民可以根据自己的需求查询相关信息。如果社区居民要反映诉求，可以点击进入“我要说事”或“网格群聊”栏目，社区的管理人员会第一时间进行回复与解答。除此之外，“武汉微邻里”信息平台结合社区网格划分，将社区网格员、居民、家政服务、餐饮、超市、学校等周边单位分级分类编入网格体系，并且实施更新相关服务信息供居民查阅。线上平台持续发挥着沟通联系的作用，让抗疫“战友”变成了日常生活时期的“网友”，邻里关系有了较大的提升（图 6–23）。

图 6–23　“武汉微邻里”微信平台

3）东亭社区结合第三方互联网咨询服务平台（如支付宝、腾讯和网易等），打造了“东亭社区云＋”综合线上社群聚落，进一步推进“线下＋线上”相结合的宣传模式。此综合线上社群聚落具有线下终端机和线上公众号的双重优势，主要功能有 3 个方面：一是及时转发信息，普及健康知识。有针对性地开通多个栏目，如“医学宝典”栏目设置了医疗健康知识科普专题为居民答疑解惑；“万人一家”栏目联动多家公益机构开通线上捐款渠道等。二是通过大数据以及数据共享绘制健康地图。通过链接第三方平台的地图信息，搜索定点医疗机构。除此之外，居民还可以通过热力图数据查看到实时人口流量密度，提前规划出行路线，避开高风险地区。

三是利用互联网平台提供线上应急会诊服务。联合各大医疗机构的线上咨询平台，向社区居民提供免费在线义诊和心理疏导服务，如遇到严重情况还可以通过“找医生”功能，请医护人员上门治疗。为社区居民提供了“线上便民服务”足不出户运用云调解、一键理赔、金融服务、智慧房屋、代办服务等模块申请矛盾纠纷在线调解及相关法律法规、政策咨询、综治平安保险理赔、金融服务等清单式线上服务。同时，居民可使用“随手拍”功能，形成问题发现、上报、流转、处置和结案的完整闭合。

5. 小结

（1）建立常态化社区应急治理系统

2020 年，国务院各部门及地方政府全面开展了“十四五”规划的编制工作，将以全面提高各级政府对于突发事件的处理处置能力、加快推进包括风险治理在内的治理能力与治理体系为现代化建设目标，进一步深化突发事件应急管理体系建设。在社区层面提出：要完善“健康社区”“防灾减灾社区”“消防安全社区”“卫生应急综合示范社区”“平安社区”等建设工作，健全相关规划标准与设计规范，提高社区应急治理能力。

社区作为城市人群聚集的空间载体位于承上启下的环节，它与其他城市要素组成了“人—交往行为—社区载体—社会组织”的集合体，为打造社区安全系统“防控链”提供了基础。对于城市来说，社区是防控基本单元，也是具有承载日常生活功能的城市生活空间基本单元，因此，社区治理模式与健康社区意识的提升是强化城市韧性不可或缺的组成部分。

（2）基于“职能空间划分”的社区治理模式

人类的各种行为活动基于空间发生，而社区空间是城市社会生活的物质载体。针对应急管理分级分类社区生活行为特征并进行有效协调，进行相应的空间划分与重组，赋予相应的功能从而产生具体制约作用，主要分为以下 5 方面内容。一是划分“应急空间”，根据相应的观察与救治需求进行集中收治和空间隔离，即设置社区医疗中心或应急诊疗室；二是划分“联系空间”，建立社区与突发公共卫生事件指挥部、救治部门和物资管理部门的输送通道，包括紧急救助物资和患者收治的运送通道，即生命线工程；三是划分“专业空间”，基于社区组织构架，社区综合服务中心根据上级相关政策制定社区级应急预案，组建各个专项的实施小组，在相应的职能空间行使管理职能；四是划分“集配空间”，在紧急状态下的生活供应空间系统尤为重要，包括应急用品和日常生活用品的供应和分发。

（四）幸乐社区——老龄化需求下的社区健康服务研究与实践

1. 社区健康服务现状及需求调查

（1）幸乐社区概况

幸乐社区位于武汉市硚口区东部荣华街道（图 6–24），总用地面积 6.3hm^2，是一个已有 50 余年历史的典型老旧社区。社区地处繁华的硚口内环核心地带，居民出行 1km 范围内有凯德广场、琴台中央艺术区、硚口公园、市十一中等市级公共服务配套设施，居民生活和出行条件便利，整体文化生活氛围较好。同时，幸乐社区也位于环同济健康城的核心辐射区，周边环绕同济医院、省第三医院、普爱医院、市第一医院等优质医疗资源，具有依托集聚式医疗发展医院周边健康产业和健康社区的良好基础。

图 6–24 幸乐社区区位

由于社区建设经历了 50 余年历程，且长期疏于整治，目前幸乐社区整体风貌老旧，环境品质参差不齐，存在房屋老化、下水道堵漏、步行及活动空间狭小、场地闲置、景观环境差、公共服务及市政设施不足等问题，面临着大多数老旧社区普遍存在的共性问题。

（2）社区健康服务现状调查

社区目前养老模式以居家家庭养老为主，社区居委会养老设施为辅，医疗、养老等各项健康服务功能均不完善，主要存在以下几个方面的问题。

1）街道级养老设施规模不足

幸乐社区所属荣华街道行政范围内共包含 9 个下属社区，整体老龄化比重较高，60 岁以上老年人约 1.5 万人，为硚口区典型老龄化社区集中区域。目前，街道范围内分布有 1 处社区养老院（安康养老院，床位数 80 个）和 1 处社会办养老院（建乐社区养老院，床位数 141 个），街道级养老设施床位规模严重不足，与《社会养老服务体系建设规划（2011～2015 年）》每千名老年人拥有养老床位数达到 30 张的标准差距较大。鉴于街道级养老设施配置不足，幸乐社区亟须提升自身社区级养老配套，以满足社区多样化的养老服务需求（图 6–25）。

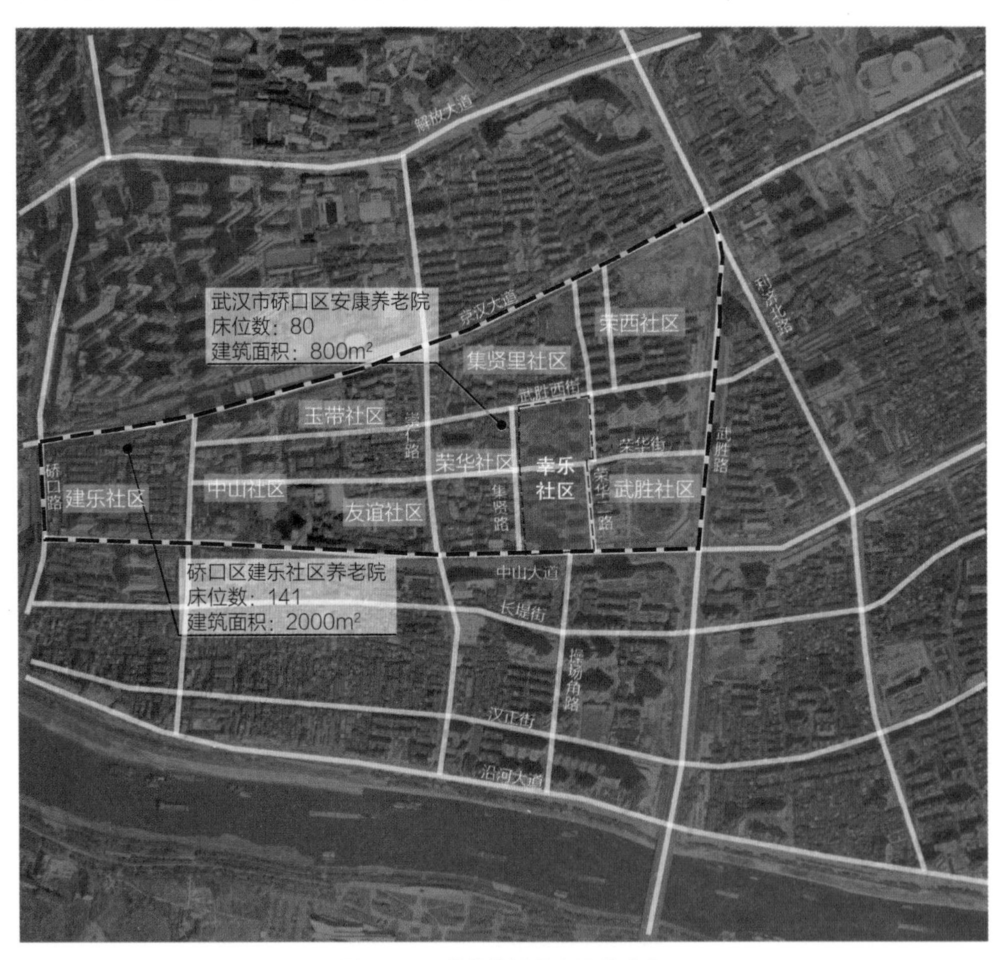

图 6–25　荣华街道养老设施分布

2）缺少必要的医护用房和较为专业的医护服务

社区老年服务仅提供社区居委会内设的养老医疗服务室，包括 1 个问诊室、2 个养老床位，医养设施简陋，日间照护设施缺失，且长期处于闲置状态。目前社区提供的养老配套仅能服务一部分健康老人，缺乏针对高龄老人的专业医护服务，社区康复、护理配套和人员配置较少，社区老人长期依赖周边市级医院就医就诊，相对社区内的养老医疗服务室而言，社区老人出行距离远。

3）缺少居家养老服务功能

虽然硚口区从2017年已开始实施嵌入式居家养老“133工程”，但受限于社区现实情况、资金压力等因素，幸乐社区目前尚未引入居家养老服务功能，居家养老的老人日常起居生活只能单纯依赖家人照料。

4）老年休闲活动空间狭小

社区居委会是社区老人最常聚集的室内活动空间，提供了多功能活动室、妇女之家、书画室、象棋室等7间小型活动室，总建筑面积仅140m^2，每个活动室空间较小，仅能满足小群体活动使用。与此同时，为满足老人日常休闲活动需求，居委会组织成立了手工、银龄两个特色社团，但由于活动室狭小，社区老人的日常活动规模及次数都比较少。此外，硚口区老年大学位于社区范围内，由于建筑规模较小，目前只对退休老干部开放，仅提供基本的老干部活动室、老年课堂等功能（图6–26）。

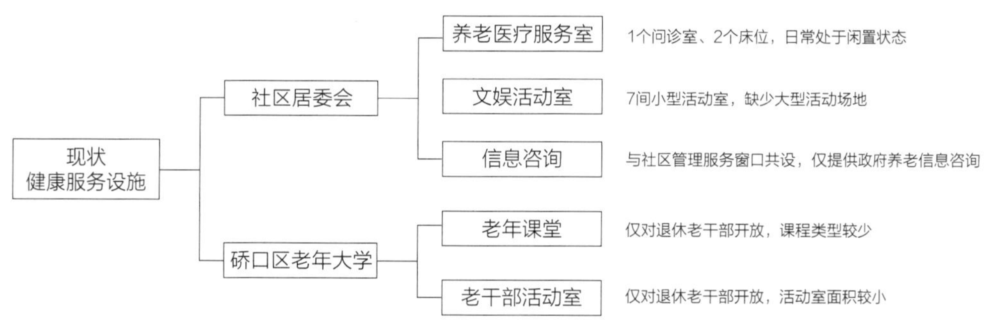

图6–26　社区现状健康服务设施

5）缺乏信息化管理和专业服务人员

社区居委会是提供社区养老服务的唯一主体，也是社区活动的组织者。目前社区工作人员仅配置管理服务人员和物业公司人员，缺乏专业养老服务人员，不能为老年人提供有针对性的服务。社区已开通“微邻里”微信公众号平台，居民日常生活问题可通过平台反馈，社区服务的信息化管理尚处于起步阶段。

（3）社区老年人群健康服务需求调查

从2018年11月起，项目组带着对幸乐老年居民群体的密切关注，在居民代表、社区居委会及街道工作人员协助下，开展了为期4个月的社区深入调研工作。通过持续观察和多次问卷、访问调查、社区居民意见征求，深入了解社区居民及老年群体的生活情况、生活需求与亟须解决的问题。

1）老年人基本情况

幸乐社区曾经是老硚口行政单位聚集地，居住在此的老人群体以老干部家庭为主。根据调查，社区现有住户2048户，总人口5170人。其中，60岁以上老年人1374人，占社区总人口比重为26.6%，已达到中度老龄化社区标准（60岁以上人口占比超过20%）。80岁以上高龄老年人146人，占比10.6%。另外，还有孤寡、空巢老人103人（图6-27）。

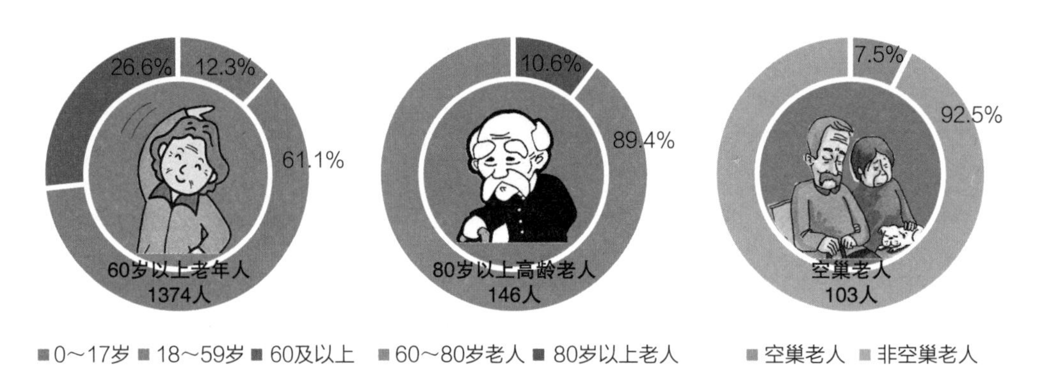

图6-27　现状老年人口情况

2）健康服务总体需求

养老意愿调查结果显示，社区老人对于社区居家养老模式需求最大，对于机构全托式养老的需求普遍较小。71%的老人倾向住在自己家或与子女同住，希望社区提供一些上门和日间照料服务，方便日常出行和生活所需。

由于幸乐社区老人普遍具备较高的文化水平，对于健康服务的需求层次较高。在调查中，社区老人普遍呈现出多样化、多层次的健康服务需求，除了基本的医疗养护需求，社区中的低龄老人群体对于参与社区文化活动提出诉求较多。然而，社区目前能提供的健康设施及服务与老人实际需求并不匹配，社区组织的文化活动较少，且由于缺乏专业社会组织的指导，现有活动质量不高，难以满足这样一群兴趣广泛活跃老人的参与需求。

针对社区老人的健康服务需求调研表明，医疗养护、生活照料、文娱活动、信息咨询是社区老人最需要的健康服务类型。其中，33%的社区老人反映，医疗养护是社区健康服务最大的短板，也是他们目前最迫切希望得到解决的问题。28%的社区老人提出，希望提供日常上门类生活照料服务，解决他们日常生活困难，尤其对于社区内独居生活的空巢老人，无法自理、无人照料是他们最大的生活难题。19%的社区老人认为，社区应加强文化娱乐活动的组织，增加邻里街坊的交流交往，丰富老人的精神生活。此外，信息咨询也是很多老人提出需要增加的服务内容，希望能提供社区养老信息、医疗保险、心理咨询等方面的信息咨询途径，统一解决老人们的疑难问题（图 6–28）。

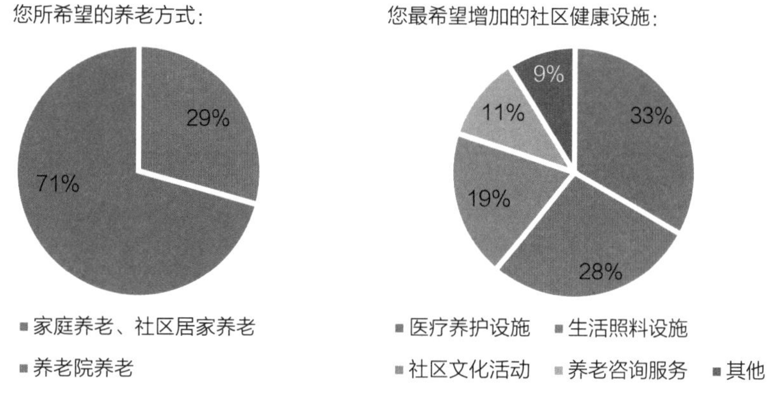

图 6–28　社区老人健康服务调查

3）不同健康状态老人的健康服务设施类型需求

参照国际公认的“持续照护”养老理念，根据年龄和生活自理能力对社区老年人群进行分类，深入调查不同年龄阶段的老年人群生命全周期的生活需求。根据调查，随着健康状况与生活自理能力逐步下降，老人经历从健康活跃、生活协助到医疗介护的身体变化，对医疗护理的需求逐渐增大，不同阶段的社区老人对健康服务的主要诉求不尽相同（图 6–29）。

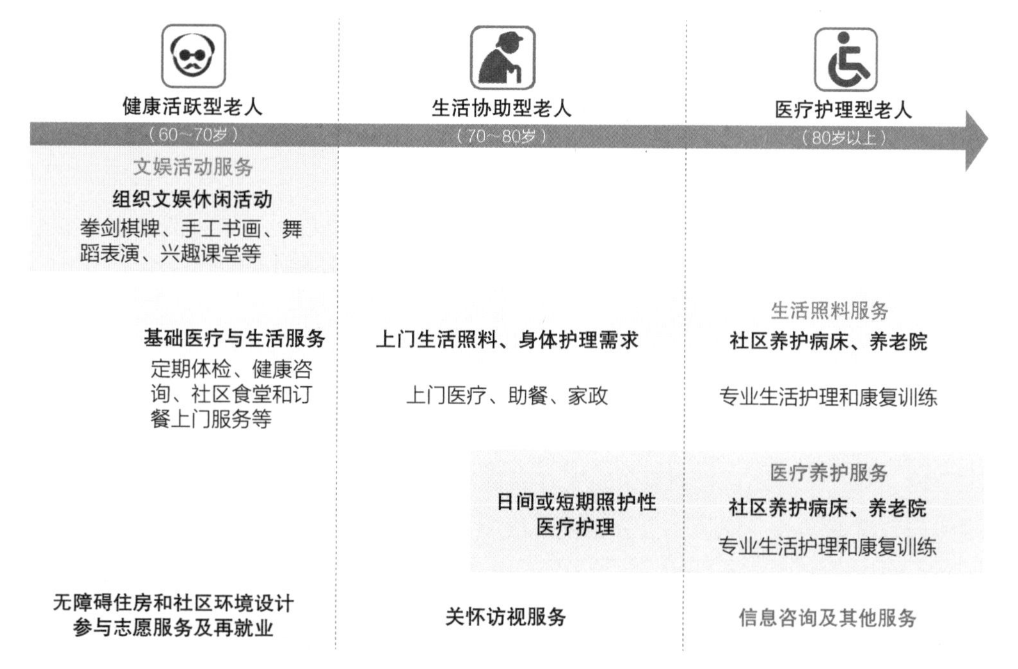

图 6–29　不同健康状态老人的社区健康服务需求调查

健康活跃型老人：此类老人年龄段主要集中于60～70岁，身体硬朗，爱好广泛，喜爱出行。平日里有去老新华书店、区老年大学、区图书馆的“求学”生活，有去汉口茶叶市场和武胜西街沿街茶社的茶闲生活，有参加“手工、银龄”两大社区艺术社团的文艺生活，也有去收藏品市场的集邮生活，对于社区文化生活有着较高的精神追求。然而，目前社区的医疗养护条件、慢行出行环境、住房品质、公共空间及景观、邻里交往、文化活动等方面都难以满足这群活跃老人，甚至造成一些社区老人被边缘化、足不出户的尴尬现状。

调研走访发现，对于健康活跃型老人，文娱休闲活动需求最大，其次是对住房周边和社区出行环境的无障碍设计需求，最后是对于基础医疗与生活服务的需求。文娱休闲是这类老人日常生活中的一大部分，尤其喜爱拳剑棋牌、手工书画、舞蹈表演、兴趣课堂等。这类老人虽然生活基本可以自理，但大多患有高血压、高血脂等老年慢性病，需要社区提供定期体检、健康咨询等基础医疗服务，老人们也提出希望像周边其他社区一样，能提供社区食堂和订餐上门服务。同时，这类老人还有一些发挥个人价值、参与志愿服务及再就业的需求。

生活协助型老人：此类老人年龄段主要集中于70～80岁，身体条件一般，偶尔出行，容易感到孤独。日常活动范围主要在小区内，出门就是走走步、买买菜，勉强能维持基本日常生活。部分老人失去自理能力独居在家，有的只有身体条件相当的老伴陪伴左右，子女居住较远。

对于生活协助型老人，老人期望上门生活照料、身体护理需求最高，其次是社区集中的日间或者短期照护性医疗护理服务，最后是希望能有定期的关怀访视服务，帮助排解寂寞。在具体服务类型的选择上，上门医疗、助餐、家政是这类老人最需要的服务。

医疗护理型老人：此类老人年龄段主要集中于80岁以上，身体条件较差，出行困难，对医疗护理的依赖程度高。社区内共有146名医疗护理型老人，其中不少是空巢、失能、独居等有特殊困难的老人，平时基本生活依赖家人的照顾，身体状况不好时到周边医院住院治疗。

医疗护理型老人中，有一半以上期望社区能集中安排养护病床，提供24小时全方位、专业化的医疗护理服务，身体状况不好时可以长期居住。还有少数老人希望能到家附近的养老院居住，方便家人探望。其中，专业生活护理和康复训练排在服务设施选项需求的前两位。

根据调查，老年人的活动范围随着年龄增加而缩小，社区内70岁以上的高龄老人可接受的出行活动范围仅为离家200m范围，其他老人可接受离家500m范围内的日常出行活动。老人们希望社区健康服务设施的位置靠近社区中心，每家每户都能方便到达，并能提供一些户外活动场地，以满足街坊邻里的聚集交流需求。

（4）社区老年人群健康服务功能框架

根据社区老年人群在3个不同生命阶段的健康生活服务需求，制定属于本社区老年人群的定制化健康服务方案。针对“健康活跃型老人”，主要提供安全舒适的居住环境和必要的生活服务，以延缓身体机能的退化和丰富老年人精神层面为主；针对“生活协助型老人”，主要提供基本上门医疗及生活照料、日间或短期照护来支持老年人的正常生活；针对“医疗护理型老人”，主要提供专业化、全托式的医疗和生活护理服务，以延长老年人的寿命。

在此基础上，总结提出幸乐社区老年人群健康服务功能框架（图6-30），包含健康服务设施配置、健康服务环境营造、健康服务管理运营三个维度的具体改造计划及行动。

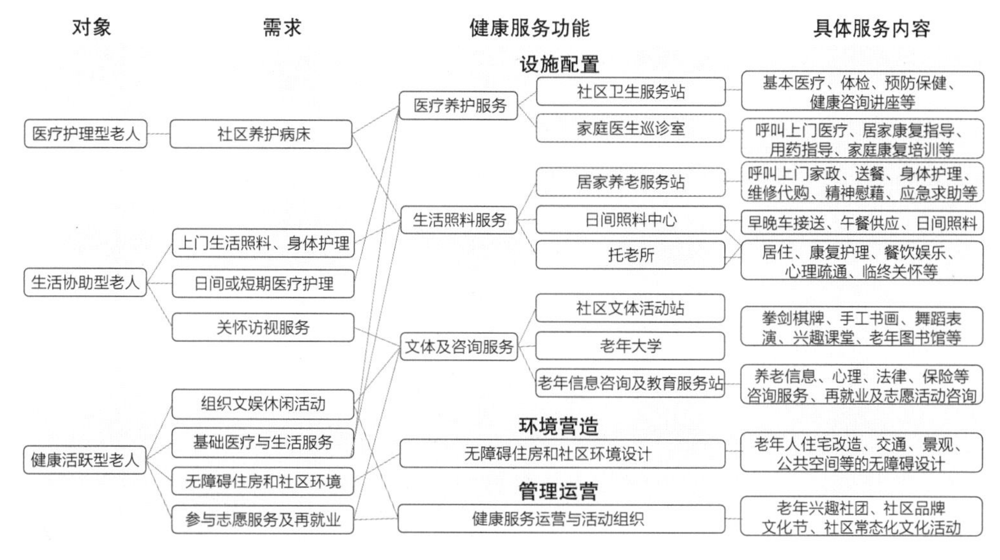

图6-30　幸乐社区老年人群健康服务功能框架

2. 以嵌入式养老推动健康服务设施升级

通过前期对社区老人的养老意愿调查，采用嵌入式养老模式，即在老人熟悉的居住社区环境中，嵌入小规模多功能的健康服务设施，保障老人与家人、邻里人际关系不割裂的同时，为老人提供社交文化、生活照料、康复护理等服务，以满足老年人多样化的健康服务需求。考虑到幸乐社区具备区老年大学、区青少年宫庭院等设施基础，老年人群聚集度较高，可适当提升社区健康服务设施配置标准，使其辐射到街道内其他社区有需要的老年人群体，实现更大区域的健康设施共享。

（1）“一站式”社区乐龄服务中心

面积仅 400m^2 的社区居委会是社区老人最常聚集的地方，然而局促的空间、简陋的设施却无法保障老人们的生活所需。为此，首先想到的是扩展社区居委会建筑空间，在征集了附近居民对居委会现状的意见和改造设想后，对社区中间 3 排危房进行加固改造，植入丰富的医疗护理、文体休闲及生活服务功能，为老人们提供从早到晚的“一站式”服务。

乐龄服务中心是整个社区健康服务设施的集合中枢，在功能上采用“一个中心＋两类服务”的模式，提供社区卫生服务站、日间照料中心、托老所、社区文体活动站、老年教育服务站 5 项社区服务设施，以及家庭医生巡诊室、居家养老服务站两项居家服务设施，并通过一个乐龄服务咨询中心整合，整体协调社区健康服务设施，提供各项设施具体服务项目咨询，实现“一站式综合服务”，使社区老人得到有针对性、连续性的社区居家养老服务（图 6–31）。

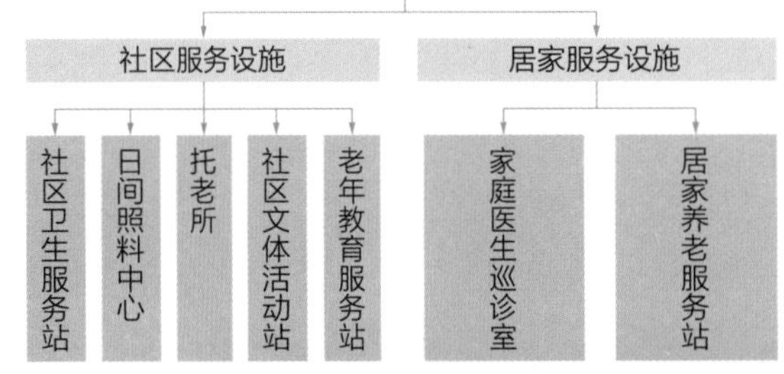

图 6–31　一站式社区乐龄服务中心功能构成

1）乐龄服务咨询中心

乐龄服务咨询中心既是信息咨询中心，又是服务管理中心，负责为社区老人健康情况建档，采用信息化管理平台，定期对社区老人进行身体状况评估，更新维护老人健康档案。当老人在家中感到身体不适时，可联系乐龄中心的服务人员安排家庭医生上门提供治疗，遇病情严重时协调附近医院提供治疗；当老人感到生活不便时，可咨询乐龄中心选择适合自己的社区服务或居家服务项目。

2）社区服务设施

社区服务设施集中布局于改造建筑中，将动态服务设施（咨询中心、文体活动室、老年教育服务站）布置于北侧，静态服务设施（社区卫生服务站、日间照料中心、托老所）布置于南侧，保证南侧相对安静、私密的生活环境。内部各项设施共享打通使用，日间照料中心能提供早晚车接送、晨间运动室、老年食堂、活动中心、理发室等功能，托老所提供老人卧室、助浴室、会客厅、餐饮娱乐、心理咨询等功能，社区卫生服务中心除了提供日常医疗服务外，还能为日间照料中心和托老所的老人们提供常规医疗体检、疾病康复护理等医疗服务。社区文体活动站内设茶水间、托儿所、微型电影院、书画阅览室、手工棋牌室、多功能运动室、社区卡拉OK、银龄社团活动室等，可供老人读书、娱乐消遣。老年教育服务站与咨询中心联合设置，提供老人信息管理、志愿活动及再就业咨询服务。

3）居家服务设施

居家服务设施采取24小时在线呼叫与定期巡诊探视相结合的方式。其中，家庭医生巡诊室依托社区卫生服务站较好的医疗资源，联合市级医院、养老机构，签订上门服务和巡诊等协议，提供社区居家助医服务，为老人们提供定期体检、上门巡诊、居家康复指导、用药指导、家庭康复培训等服务，同时在乐龄中心设立家庭医生固定巡诊点，居民就近就可享受健康医疗服务。居家养老服务站联合专业护理服务机构，为居家养老的社区老人提供上门家政、送餐、身体护理、维修代购、精神慰藉、应急求助等服务。

乐龄中心建成后，能提供老年居民全方位的生活照应：老人早上起来，走几步路来到服务中心，先在晨间运动室参加运动，再去体检室做定期身体检查、康复锻炼，或者去理发室理发，中午在社区食堂跟老街坊朋友们吃中饭，下午再去隔壁活动室看电影、听剧、看书、下棋，晚上再回到自己家里，或者住在社区的托老所里。服务中心每周五定期开展社区手工市集日，老人们拿着心爱的手工作品去市集上拍卖，教过来凑热闹的年轻人老手艺，传授传统文化。对于高龄卧床老人，这里也配置了一对一的专业护理员，根据身体情况为其制定康复训练和专业照护日程。

乐龄中心将成为社区居民娱乐交流、联络感情的幸福之家，未来，老人们将在这里开启全新的医养乐龄生活（图 6–32）。

乐龄服务中心的一天

——提供完善的托养和日间照料服务

9:00 晨间运动

晨间运动室

17:00 每周定期开展银龄手工市集活动

手工市集

基本体检 分发配药 做理疗 医生问诊 9:30

体检室

14:00 手工 书画阅读 观影 棋牌

手工活动室

10:30 康复运动、吞咽运动、理发

12:00 进餐

康复训练室

理发室

社区食堂

微型电影院

幸乐社区构想之手工一条街

“社区手工社团中有一技之长的老人很多，可很多老人的活动能力、动脑能力都不如从前了，所以我们特意在乐龄中心内街里开辟出一条手工市集街，老人们可以定期在这里摆摊卖手工艺品，还能传授年轻人技艺，通过这种方式，帮助老人重新融入社会，获得幸福感与成就感。”项目组就手工一条街的设计构思采访了杨奶奶，她说：“手脑连心，多动手对身体有好处，这份手工艺绝活也是我们那个时代的记忆，老邻居们聚在一起乐和乐和就很开心了”。

幸乐社区构想之托老所

“希望社区里像杨爷爷这样的百岁老人来到这里后，能享受到每天 24 小时的专业化护理，参加康复训练和老人活动，虽然只能卧床，但精神状态会好很多，还能从乐龄中心里那些健康活跃老人们身上获得很多积极的力量，给高龄老人提供巨大的精神力量。”

——项目组成员

图 6–32 乐龄服务中心的一天

（2）区级老年大学

结合区青少年宫近期改造意向，腾退原区青少年宫建筑为区老年大学使用，建成后新的老年大学和老年人活动中心面积可达 7000 余平方米，能同时满足万名以上老年人学习和活动，可向全区老人开放并提供服务。区级老年大学将集中设置老年图书馆、老年课堂、老年活动室等，开设戏剧沙龙、书画诗词、影视科技、助老讲座等多样化的课程，满足周边社区老人兴趣学习、再就业培训的需求。

（3）小区级老年活动站

结合前期调研显示，幸乐社区中有几个高龄老人集中分布的老旧小区，其中圣锦苑已在小区内自发形成了老年活动室，结合进一步访问调查结果，社区老人普遍存在对于家门口的服务设施需求。根据社区内各小区老年人口分布情况，结合现状可利用闲置设施用房，集中配置 3 处小区级老年活动站，作为社区乐龄中心的下一级服务点，提供包括助餐点、家庭医生坐诊点、老人活动等便民服务。结合老年活动站附近庭院绿地，配置适宜老人活动的娱乐活动场地和健身运动设施，为社区老人走出家门创造机会（图 6–33）。

图 6–33　小区级老年活动站示意图

3. 以适老化设计引导健康服务环境改善

社区老人由于行动能力的退化，日常出行及社会交往主要集中在以家为中心的 200～500m 范围内，而适老化的户外环境设计，有助于引导老人走向户外，充分享受阳光和交往的乐趣。因此，从老年人行为习惯和身体机能入手，开展了从老人住房到户外活动空间的一系列社区环境适老化改造行动，通过精细化改造室内外无障碍场地及设施，让老人可以轻松出行，自由参与健身、交往等户外活动。

（1）老人住房

社区内有 7 个居住小区，建成时间从 1969 年到 2011 年，经历了 40 余年，住宅建筑质量良莠不齐，老人居住问题各有不同：2000 年以前的住宅基本上都是 7～8 层住宅无配套电梯、入户未设无障碍坡道，造成老年人特别是高龄老人出行困难，长期蜗居在家中，生活质量大大降低；2000 年以后新建的商品房住宅主要适用于成年人居住，建设标准难以满足老年人行为及生活护理等方面的特殊需求。此外，老住户们都强烈反映，社区里的老房子屋顶老化常年漏水，常常是外面下大雨家里下小雨，下水管也经常堵（图 6–34）。

对社区内楼栋公共空间和老人住宅进行适老化改造，在征求居住老人意见后，首先集中疏通堵塞管道，修补屋顶和墙面漏水，检修更换老化的消防设施设备、电气管线、地下管网，解决住房存在的安全隐患问题。再逐一征求楼栋所有住户同意后，对几栋多层住宅加装外挂式电梯，入户加设无障碍坡道、走廊，电梯间安装连续扶手，加强楼栋公共空间的安全性。针对老人住宅室内空间，按照居住老人个人意愿和日常生活需求，安装室内无障碍设施，包括呼叫、监测等，同时帮助老人定制化改造个人住房内部空间。

图 6-34　老人住房的现状问题示意图

（2）户外活动空间

通过对社区老人出行活动的持续观察，区青少年宫院落、荣华二路北段、机关幼儿园入口是老人最常去的 3 处户外活动空间，老人每天经过这里接送孩子，在这里遛狗、散步、聊天和锻炼，但步行安全性较差、健身休闲设施不足、可供驻足停留的活动空间较少等问题普遍存在，包括：人行道路面破损严重，路口普遍缺乏缘石坡道设计，老人尤其是轮椅出行老人通行不便；部分路面随意停放机动车，也带来步行安全问题；荣华二路沿街只有几个休息座椅，荣华一路沿街有几个简陋的健身设施，其他街道普遍缺乏沿街设施，老人不得不自带折叠小板凳或是直接坐在路牙石上休息，且沿街绿化景观品质较低，安全性、便利性整体较差，不利于老人出行和开展活动（图 6-35）。

1）街巷空间

作为一个由 7 条外街内巷构成的开放社区，幸乐居民的活动交往和生活服务都可以在楼下的街巷解决，居住在此的老人之间已经形成熟络的邻里关系，对于传统的街巷邻里生活有一种固有情怀。街巷空间改造设计充分考虑到社区老人对于邻里街巷的生活情怀，提出“记忆街巷、生活客厅”的设计理念，通过提升街巷功能和生活内涵，形成互动体验、活动参与的“四街四景”趣味主题街巷微空间，为社区老人提供高品质的活动和交流空间。

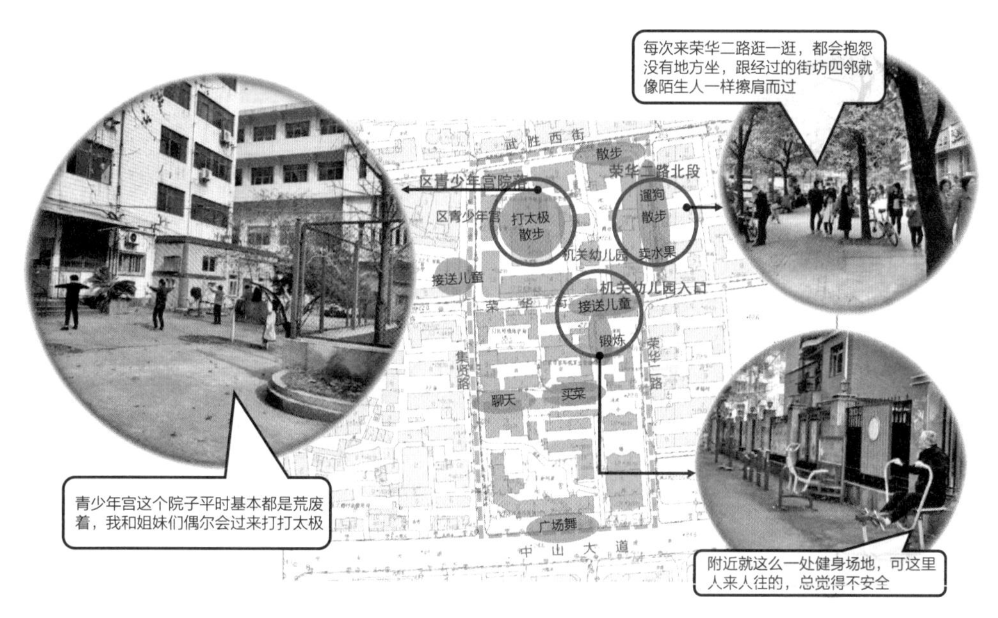

图 6-35　现状户外活动空间分布图

① 设计原则

步行安全原则：优先保障人行路权，形成安全、连续、平整的人行空间，保证社区居民尤其是老年人出行安全。

活动舒适原则：设置供老人停留、休憩的设施及场地，为老人及其他居民提供交往、享受绿荫的空间，营造活跃、生态的沿街界面。

文化延续原则：将旧街巷生活、老新华书店、茶叶市场、文物市场等社区文化特质要素融入景观及街巷设计中，形成富有社区独特魅力的街巷体验空间。

② 设计思路

重塑 4 条社区慢生活文化主题街巷，通过优化街道断面、增加沿街设施小品及活动场地、增加无障碍设计，引入茶、学、艺、养 4 个特色文化主题，从北往南形成茶颐休闲街、儿孙欢享街、书香生活街和手工创想街（图 6-36、表 6-4）。

茶颐休闲街（荣华二路）：从有限的休憩空间到社区公共交往客厅，增加下棋喝茶、邻里休憩空间。优化道路断面，合理划分车行、人行空间。将现状较大尺度的建筑后退空间进行细分改造，划分为 1.5m 设施带、3.5m 步行通行区和 3～5m 建筑前区。设施带集中布置木艺公告栏、书报亭、路灯等设施，增设非机动车停靠区；步行通行区保留 2 排景观树，增加木艺座椅、象棋桌、垃圾箱等设施，形成较好的步行空间尺度和休闲氛围；在建筑前区划定 3～5m 的商业外摆区域，布置露天休闲茶座。同时，采用凸显茶文化特色的木艺材质和深浅交织的原木色系，对街道设施进行统一艺术化改造设计，采用茶文化图案将地面改造为透水铺装，翻新连续盲道、缘石坡道等无障碍设施。

儿孙欢享街（荣华一路北段）：从有限的运动空间到社区公共游憩走廊。将原街道空间划分为4m机非混行道、两侧步行通行区和右侧1m的设施活动区，增加儿童游乐设施。

书香生活街（荣华一路南段）：从单一的通行空间到社区文化走廊。划分为4m机非混行道、左侧3m步行通行区、右侧1.5m设施带和2m设施活动区组成的街道空间，增加街头读书看报、休憩交流空间。

手工创想街（荣华横路）：从拥堵的停车空间改造为社区手工市集街。将人车混行空间划分为4m机非混行道、两侧各1.5m步行通行区和右侧4m设施活动区，增加街头创意小品和手工摊铺，定期开展社区手工市集活动。

图6-36　慢生活文化主题街巷设计意向

慢生活文化主题街巷设计要点　　表6-4

街道空间类型	要素设计	设计要点			
		茶颐休闲街	儿孙欢享街	书香生活街	手工创想街
车行交通空间	机动车道	规范路边停车位，加强管理	更换路面材质为透水面砖 加强管理禁停限行，限制机动车速 10km/h		
	非机动车道	增加自行车道，采用红色透水沥青			
步行与活动空间	路面	统一采用透水砖铺装，更换雨箅子，增设连续盲道			
	设施带	统一规范并美化路灯、公告牌、电箱等设施，增加自行车停靠区	—	东侧设施带：增设机非隔离花箱	—
	步行通行区	增设连续盲道	西侧步行通区：增设机非隔离道桩； 东侧步行通区：增设机非隔离花箱	西侧步行通区：增设机非隔离道桩，局部增加花坛	西侧步行通区：增设机非隔离道桩，局部加花坛； 东侧步行通区：增设机非隔离花箱
	设施活动区	增加座椅、书报亭、象棋桌、垃圾箱等设施，恒温游泳馆入口处增设 1 处休憩广场，提供家长停留等候的休息设施	增设健身器械、座椅垃圾箱，美化路灯，改造圣锦苑墙面为社区共建文化墙	东侧设施活动区：增加行道树、休闲座椅、书报亭、垃圾箱，美化路灯，改造圣锦苑墙面为文化墙	增加行道树、休闲座椅、垃圾箱，美化路灯
	无障碍设施	街角路缘石增设无障碍坡道和隔离道桩			

结合老人聚集度较高的街角空间，设计 4 处街角景观节点，分别是银龄天地、幸乐广场、水景广场、童龄广场，针对不同年龄段老人的需求，增加沿街设施，升级绿植小品，丰富街巷生活内容，让社区居民和老人们能够随时随地进行交往、参与活动，形成满满烟火气的街巷生活氛围（图 6-37）。

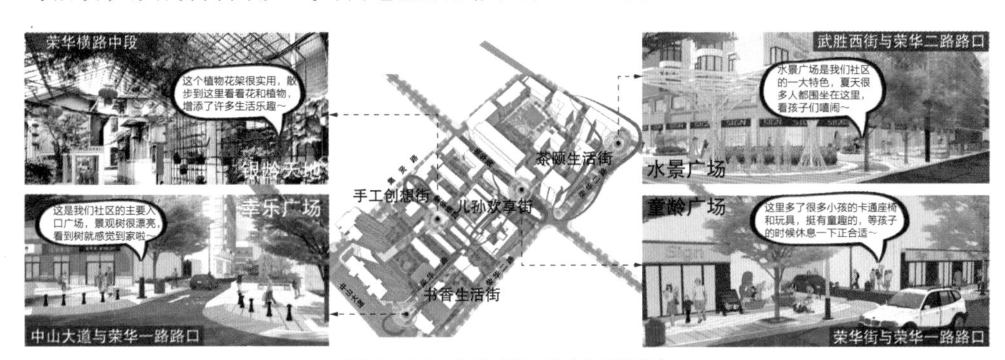

图 6-37　街角景观节点设计意向

2）社区公园

青少年宫内部院落是社区最大的户外活动场地，这里原本是一个人气稀少、绿化单一、被花坛和停车严重割裂的闲置空间，只有幼儿园和零星停车使用。小区老人普遍反映，难得的公共空间反而变成了消极的场所。设计从塑造老人健康休闲运动生活方式出发，提出“运动乐活、健康颐养”的设计理念，把这里改造成由康体运动串联起家庭社交纽带的乐龄运动公园（图 6–38）。

图 6–38　乐龄运动公园设计意向

① 设计原则

安全可达原则：老年群体是社区公园主要使用群体，在社区公园各个活动场地及景观设施的细节设计上，充分考虑到老年群体的行动特点，保障安全通行和参与活动。

多样需求原则：不同健康状态的老人对社区的适老环境需求不同，健康活跃老人希望在此开展日常运动锻炼，生活协助老人希望有这样一处绿地空间可以休闲散步，设计中应充分考虑到不同老人的切实需求。

代际共融原则：考虑到社区大部分低龄老人负担接送看护第三代的重任，在幼儿园周边布局老人、小孩活动场所，设计代际共享的空间，有助于老年人与儿童交流互动，鼓励老年人保持积极活跃的生活态度。

② 设计思路

在征集居民对院落设计的改造意向后，重新划分院落功能，梳理人车分离的交通流线，增设场地无障碍坡道、扶手及防滑铺地，形成康体运动乐园、儿童智创乐园、康养花园和中心广场。其中，院落中间设置 500m^2 集中活动广场，作为社区公共活动的固定举办地。康体运动乐园旨在为老年人群提供运动练习场地，以提高身体素质，延缓衰老。针对老年群体运动特征，提供门球场、户外健身区、健身长廊等无障碍运动设施，在地面布置小关节、平衡性、动作稳定性等锻炼设施，结合老年大学的屋顶农场和球场，形成健康活跃老年人群的交流和运动中心。儿童智创乐园旨在提供富有童趣的游乐空间及设施，为接送小孩的老人提供充足的廊亭座椅和思维锻炼设施，通过智能互动游乐设施叠加游戏，并设计趣味游乐系统和健康步道，让老人和小孩在游乐运动中算数、运动、交谈，提升老年人群的幸福感、成就感。

同时布置康养花园、屋顶农场，方便老人开展花卉和蔬菜种植等园艺手工活动。康养花园主要针对生活协助型老人，将园艺疗法应用到康养花园设计之中，通过感官疗法达到康体疗养目的。同时，利用老年大学建筑屋顶布置屋顶农场，结合社区老人偏好种植的特点，提供园艺果蔬种植场所（图 6–39）。

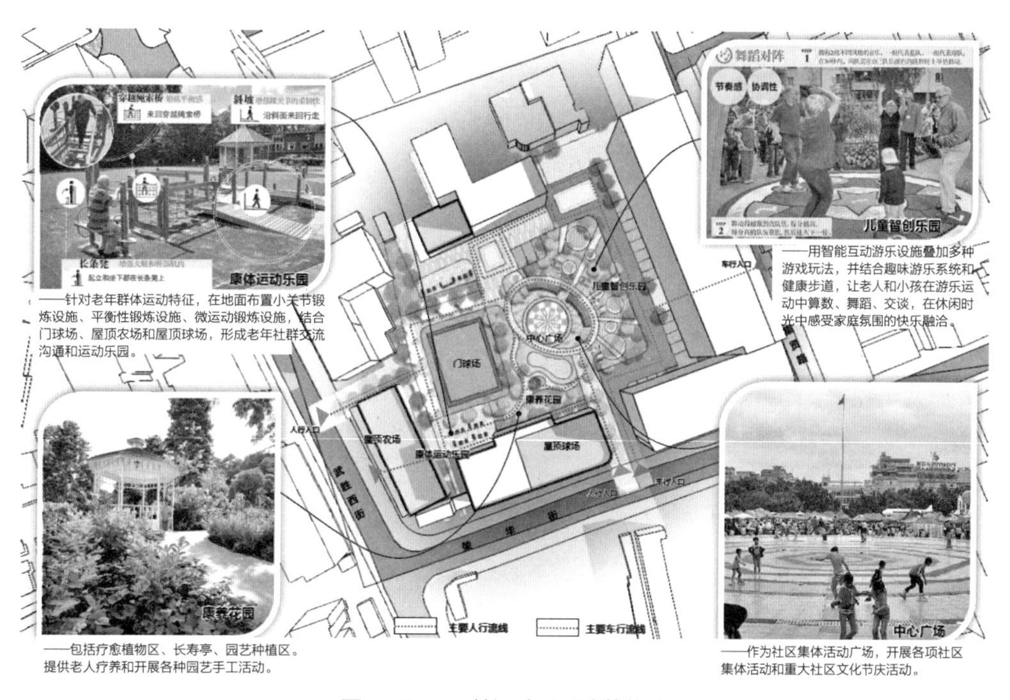

图 6–39　乐龄运动公园功能构成

4. 以多主体参与谋划健康服务运营机制重构

（1）共治共营机制建设

幸乐社区早期主要为社区自治模式，以社区居委会为主要机构处理社区事务，其他社区自治组织严重缺乏，尤其对于老年事务管理长期处于空缺状态。2018 年打造社区“红色物业”，通过政府力量将物业服务企业引入社区，重点实施保洁、保绿、保安全，此时才实现社区内物业服务的全覆盖。但目前仍然存在管理机制单薄、服务内容单一、社会力量参与不足等短板，难以支撑社区居民尤其是老年人群的生活需求。

项目组提出搭建“政府+社区居民+志愿者+社会机构”共治共营平台（图6–40），

改变目前依赖社区居委会的单一模式，鼓励社区居民、多方社会组织共同参与社区事务管理与服务运营。

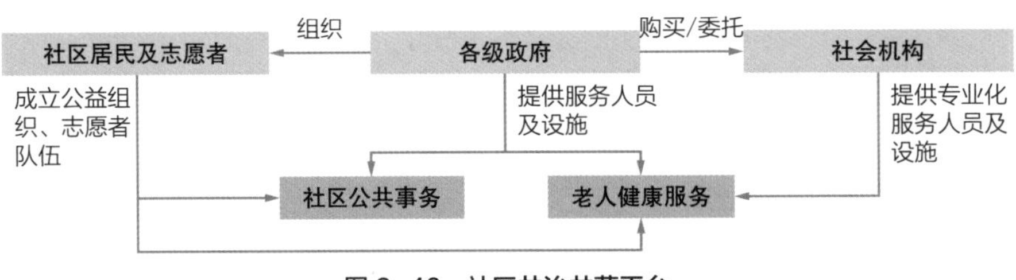

图 6-40　社区共治共营平台

1）鼓励社区居民、社会志愿者参与自治建设

建立社区居民参与社区事务管理的机制，营造积极健康的社区生活氛围。一方面，以设立社区工作站的方式，配合居民自发组建社区公益组织，为居民参与社区老人健康服务、设施维护、环境改造、活动组织等公共事务提供有效渠道；另一方面，推进社区老人健康服务志愿者队伍的建设，定期为社区中的一些孤寡、空巢老人提供上门心理疏导服务。吸纳年轻化和专业化的社区志愿者的同时，组织社区健康活跃老人志愿者队伍，让他们参与社区老人健康及日常管理工作，为高龄老人提供服务或帮助。同时，在老年大学中提供退休老干部再就业机会，让高级知识分子在老年也能发挥余热。对于参与社区服务的老人，可通过积分制的方式获得社区内养老、医疗护理条件优先享用的权利。

2）引入社会力量参与运营管理

"一站式"社区乐龄服务中心采用"公建民营"模式，由政府收购社区中间的3排破旧民居，对建筑进行集中改造，使其成为具备日间照料、短期居住和上门服务的健康服务设施建筑，政府向专业的第三方社会机构购买社区居家助医、居家家政护理、日间照料中心等服务内容，随后由政府委托社区居委会与机构共同开展服务。同时，由于公益性设施成本投入较大，借鉴社区服务设施相关建设经验，采用以"商"供"公"的运营管理模式，在北侧建筑首层空间局部布置菜市场、生鲜超市、小型餐饮等社区商业设施，通过商业盈利支撑健康服务设施的运营支出。

（2）智慧服务平台建设

在社区探索应用"互联网＋居家养老"模式，将政府、志愿服务、社会组织等各方力量全部嵌入"微邻里"服务平台，并与线下乐龄服务中心相结合。通过搭建健康服务管理智慧平台，提供乐龄咨询中心的线下定期身体状态评估，以及24小时网上预约服务，保证居家老人足不出户便可享受各类居家服务。同时，引入智慧化医疗监测设备，为社区老人按需提供健康手表，实时记录老人身体状态并与社区卫生服务中心联网，采用大数据的手段对社区老人进行实时监测和提供帮助。

（3）人文社区营造

为了满足社区老人较高的精神需求，社区文化生活营建成为设计中考虑的重点。设计从文化活动策划与参与组织入手，鼓励社区居民的全体参与，营造积极融入、共同参与的社区人文氛围和爱老敬老氛围，升级社区老人的文化生活品位，实现老人乐居生活。

首先，充分尊重社区居民的生活热情和社区参与积极性，让居民自己做主，发挥个人所长，协助其成立社区爱好者协会，负责管理运营拳剑棋牌、书画、手工编制、舞蹈表演等兴趣爱好小组，让社区老人在兴趣学习中娱乐自己，与更多志同道合的老年伙伴共享幸福晚年。

其次，策划多样化的社区活动，除了目前定期举办的社区春晚、元宵节等固定节庆活动外，结合社区老人的兴趣特点，开展一些喜闻乐见的文化节事活动，比如社区茶话会、书友会、棋友会、怀旧展览等，丰富老人们的精神文化生活，展现老年人的文化艺术才华（图 6–41）。同时，策划社区品牌文化活动，围绕社区现有"茶、学、艺、养"的特色文化，开展"幸乐有约"——社区手工市集日、武胜书香文化节等特色品牌活动，吸引社区周边更多的居民参与进来，感受幸乐文化生活。

社区手工市集日

社区银龄艺术节

书友会、棋友会

银龄学堂

养生讲座

社区茶话会、银龄生日会

图 6–41　社区文化活动策划

5. 小结

俗语有云"家有一老如有一宝"，当代老年人群不仅具有丰富的知识和经验，同时还有较强的社会责任感和精神文化追求，他们是社会的宝贵财富。正如 2020 年温情动人的公益节目《忘不了餐厅》里讲述的老人故事，即使患有轻度认知障碍，倘若给他们重新参加社会活动、投身社会服务的机会，他们也会积极自信地做好，带给身边人元气与力量。他们代表了当代老年群体的独立勇敢、积极追求的生活形象，同时也在提醒我们，作为年轻规划师，是不是在我们的项目实践中去践行了人文关怀，给予了老年群体足够的关心与关怀？幸乐社区改造项目是带着这样的思考完成的，整个工作过程聚焦于社区老人的切实需求，创新性地提出社区老年人群健康服务的功能框架内容，以及推动健康服务设施升级、引导健康服务环境改善、谋划健康服务运营机制重构的改造行动。作为“武汉市2018～2019年度老旧社区微改造”十大试点项目之一，也将为武汉市老龄化社区改造提供经验借鉴。

（1）小结

总结项目经验主要包括以下几个方面。

1）长期扎根社区生活，引导社区居民全过程参与

项目启动之初与居民代表、老人代表、社区居委会及街道负责人搭建共同规划工作小组，提供居民需求表达、沟通协商的平台，共同协作完成前期调研及访谈工作。后期围绕服务设施、适老化环境等改造议题，开展专场意见征集会，从乐龄中心的位置选择，到具体服务项目的选择，再到楼里街外的场地改造，社区老人们踊跃参与工作过程，提出了许多具体的使用建议和设计创意。居民的全过程互动给予项目推动过程很大的动力，也让设计更能贴合他们的需求（图6–42）。

图6–42　社区共同规划工作小组

2）聚焦社区老人群体需求差异，建立全年龄段的健康服务功能框架

作为社区规划师，比起空间，更应该关注的是空间中生活着哪些人群，诊断居住人群的迫切需求，并提出切实可行的诊治方案。我们在前期调研分析阶段，就明确了社区中度老龄化的典型人群特征，并发现社区中不同健康状态老人的主要诉求存在差异，于是参考了国际公认的“持续照护”理念，对社区老人展开分类调查，总结各类老年人群的生活需求，并提出针对性的服务方案。同时在工作中也贯彻了不仅关注老年人的基本医养需求，更要全面提升社区的为老健康设施体系和服务质量。

（2）问题反思

通过规划设计引导，幸乐社区目前已经完成部分住宅加装外挂式电梯改造工

作，引入武汉市逸飞社会工作服务中心、武汉博雅社会工作服务中心等社会服务机构入驻社区社工站，开展了老年健康义诊、趣味运动会、“小事儿”便民服务队维修服务、“老来乐”健康咨询检查等系列志愿服务；并与同济医学院、武汉商学院、武汉楚剧院、井冈山小学等结成共建单位，培育了强大的社区志愿者团队，组织走进高龄老人家中送温暖、送文化进社区等活动。同时，幸乐社区的手工编织小组也日益壮大起来，作为社区王牌社团独立参加各项公共活动（图 6–43）。

图 6–43　幸乐社区改造项目实施效果

由此可见，幸乐社区在社区志愿者组织、社团组织、住宅适老化改造等方面已经取得初步实施成果，但整体项目实施进程仍然较为缓慢，主要归因于以下两个方面：一方面，由于社区改造项目资金需求较大，但现状小区及社区均未设立物业专项维护资金，改造工作面临政府财政资金有限、居民和社会资金难筹措、后期维护资金缺失等现实问题，而且目前社区健康服务运营机制还没有建构起来，街道办、居委会、社会企业、志愿组织、居民等多元利益主体的参与协作机制还未形成，社会资本参与运营门槛还未打通，各个改造项目的资金来源、实施和管理主体尚未明确。只有软制度建立起来了，大家才能拧成一股绳，通力谋划社区改造项目的落实，也能为后期的可持续运营带来保障。另一方面，虽然为推动社区改造项目实施进程，已按照“先解决老人住房安全问题，后升级乐龄中心配套服务，再进行社区环境品质全面提升”的思路制定了分期实施项目计划，细化了具体项目清单，但在具体项目实施推进中发挥的作用并不理想。作为社区规划师，我们在社区改造项目中不仅仅只是技术智囊团，更是利益协调和引导更新的重要力量，需要思考的需要做的还有很多。比如借用技术优势策划组织 DIY 社区公共空间、社区标志设计等活动，引导更广泛的社区居民参与社区改造，激发大家共同改造社区的热情；比如统筹居委会、沿街商户和共建单位，筹资协作完成街巷空间适老化改造项目；比如协调社会组织、机构参与乐龄中心建设运营，按照微改造以点带面、有一点钱做一点事情的渐进式思路逐步推动社区改造实施等。这些在本项目的后期跟踪服务中还有待进一步探索和落实。

（五）通达社区——主动式健康干预的社区规划

1. 规划背景及社区概况

通达社区位于武汉市青山区冶金街，也称 108 街坊，涉及“武钢 108”和“一冶 108”两个居住小区（图 6-44），是“一五”时期为武汉钢铁公司、中国第一冶金建设公司两家大型国有工业企业职工配套建设的单位制社区，分片建设于 1989～1992 年。作为青山区典型的单位大院，该社区入选 2018 年武汉市老旧社区规划十大试点之一，规划改造范围 8.2hm^2，以服务民生为出发点和立足点，由物质空间环境的微改造带动社区全面健康发展，具有示范作用。

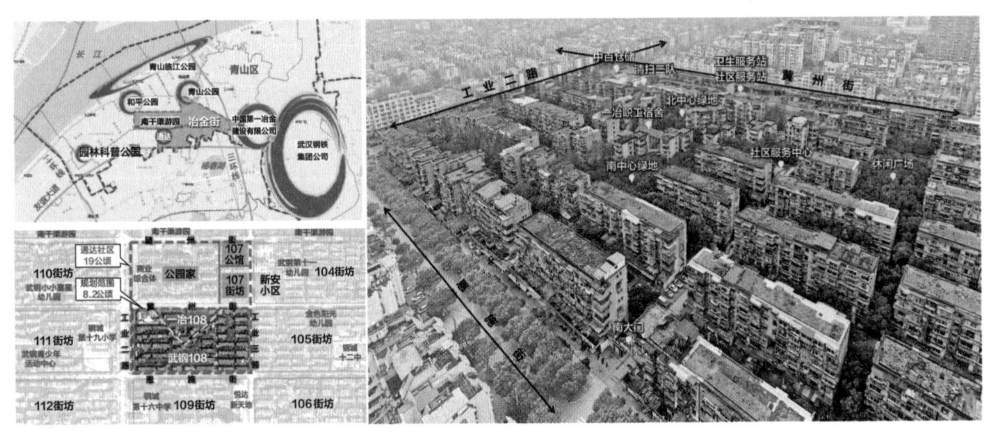

图 6-44　社区区位及现状鸟瞰

社区空间本底良好，大院式空间格局具时代特色。道路呈横平竖直的“棋盘式”，现存建筑共 72 栋，以 5～7 层砖混结构住宅为主，呈“行列式”与“点式”结合的空间形态，讲求组团围合与对称。常住人口约 5821 人，多为国企离退休职工及家属，占比约 77%。作为当年青山 12 万钢铁工人的一分子，他们享受了国企优厚的福利待遇，体验过丰富的集体生活，对大院有着强烈的归属感与认同感，形成熟人社会式邻里关系，也有着强烈的健身休闲娱乐等公共活动的需求。

随着国企转型、老龄化进程加快，单位大院逐渐成为单位老年人实现原居安老的重要场所，也是城市应对老龄化社会建设的重要社区空间。目前通达社区已迈入轻度老龄化阶段，65 岁以上老人 1040 人，占到总人口的约 18%，人口的自然老化加速了居民慢性病患病率的上升，居民的健康需求日益增长。同时，由于单位大院受国企的管理减弱，社会化管理落后，长期处于失管失修状态，通达社区内逐渐出现道路出行不畅、商服单一档次低、活动空间匮乏、公共设施陈旧等问题，难以满足居民的日常活动需求，削弱了居民自发性和社会性日常活动频率和意愿，居民慢性病风险得到进一步累积，亟待进行健康社区规划和建设。

2. 社区现状问题分析

为解决这些突出的问题，规划团队在研究相关案例后，从以下 3 方面入手，精确识别不利于居民日常身体活动的社区环境特征。一是通过与街道、社区居委会、热心居民代表成立共同规划小组，与社区建立紧密的联系。二是运用现场踏勘、行为观察、调查问卷、深度访谈、会议活动等定性与定量相结合的多种方式开展研究，深入了解居民健康状况、日常活动情况、社区公共环境的满意度等。三是发动居民参与社区微改造，通过会议、电话、微信等方式直接表达规划诉求。最终，总结出通达社区环境不利于促进身体活动的现状问题。

（1）步行环境欠佳

1）道路可达性差、停车占道严重、步行环境连续性低，出行不方便

调查问卷显示，社区居民的出行方式中，公交占比 39%，步行占比 27%，他们中大部分认为社区内步行环境和停车设施均有待提升（图 6–45）。通达社区虽名为“通达”，但道路出行却拥堵不便。

首先是道路可达性差。围墙是单位社区封闭性空间的集中体现，单位空间通过院墙和大门从城市空间中区分出来。由于建设主体和建设年份不同，除了社区外围，社区内部还被长达 400 多米的 Y 形围墙和多处路障分隔形成了 3 个相对独立的片区（图 6–46），分别有各自的车行出入口，道路体系各自为政，造成了很多尽端

路，各组团间联系极其不便（图 6–47），居民被迫绕行，大大缩小了在步行忍耐时间内步行可达的最大范围。而随着社会物业进驻、社区整体管理，这些围墙路障早已没有存在的意义，不仅阻碍了道路的畅通，还降低了步行出行的便捷性。目前已有 3 处围墙被人为破坏打穿，这反映出居民对于便捷通行的迫切需求。

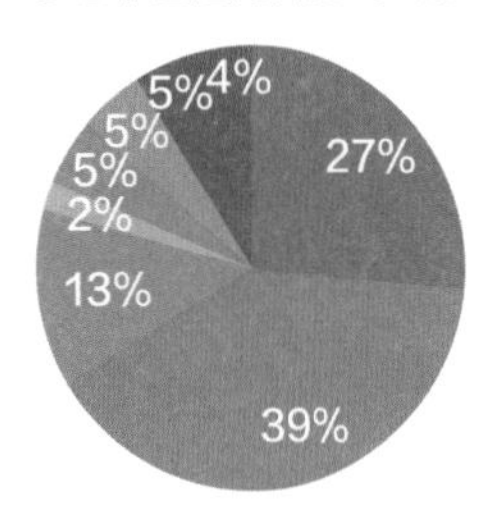

您希望社区中的日常出行得到哪些改善?

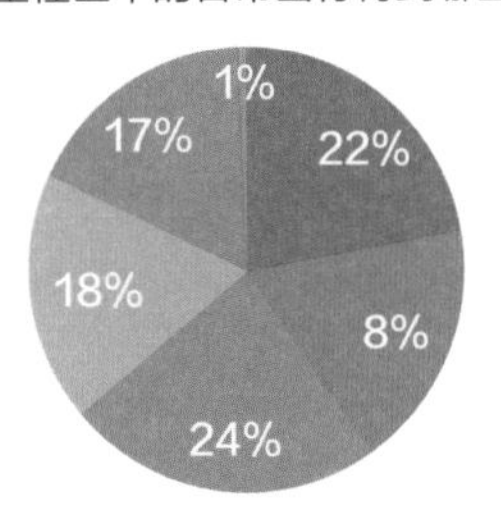

■ 步行　■ 公交　■ 地铁　■ 单位班车
■ 自己开车　■ 自行车　■ 摩托车或电动车
■ 出租车　■ 非正规出租车或“摩的”

■ 社区内步行环境　■ 社区内车行环境　■ 汽车停车设施
■ 非机动车停车设施　■ 社区出入口数量　■ 其他

图 6–45　社区居民出行方式及改造需求

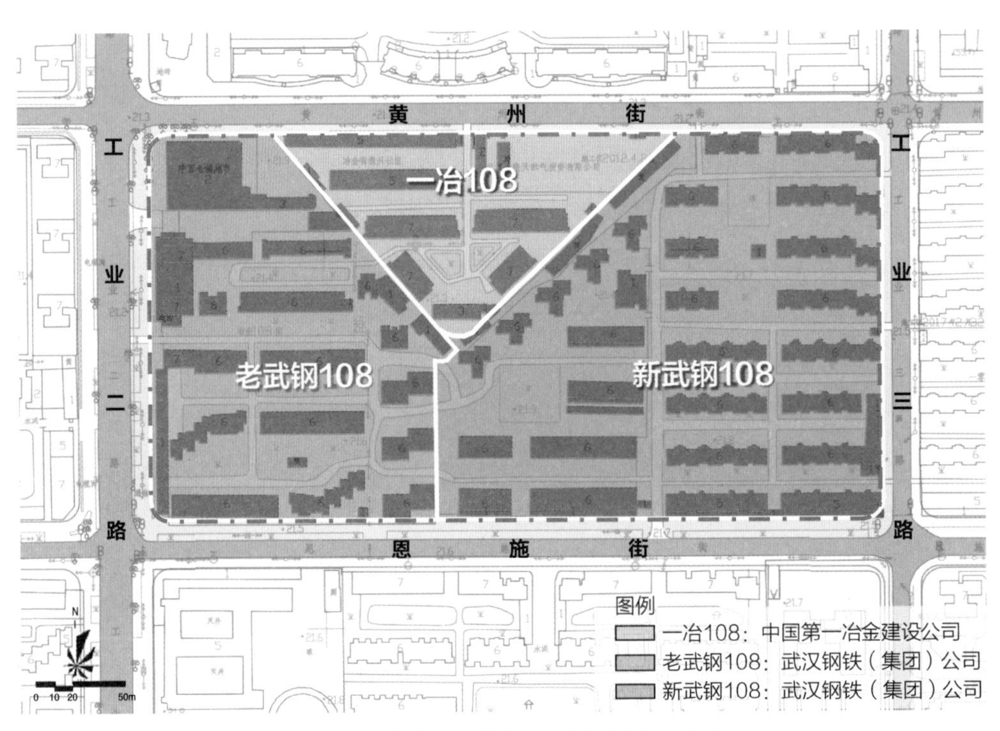

图 6–46　现状社区分为 3 个相对独立的片区

二是车辆违停占道。由于社区建成时，汽车尚未普及，社区没有预留足够的车位，而如今停车空间越来越供不应求。因未划定规范机动车车位，社区内部日常违停车辆约 210 辆（图 6–48），严重侵占内部道路，影响行人正常通行。尽管社区现状有 3 处非机动车车棚，可供停放约 300 辆，但分布集中于社区中部，包括共享单车在内的各类非机动车车辆乱停乱放现象屡见不鲜。

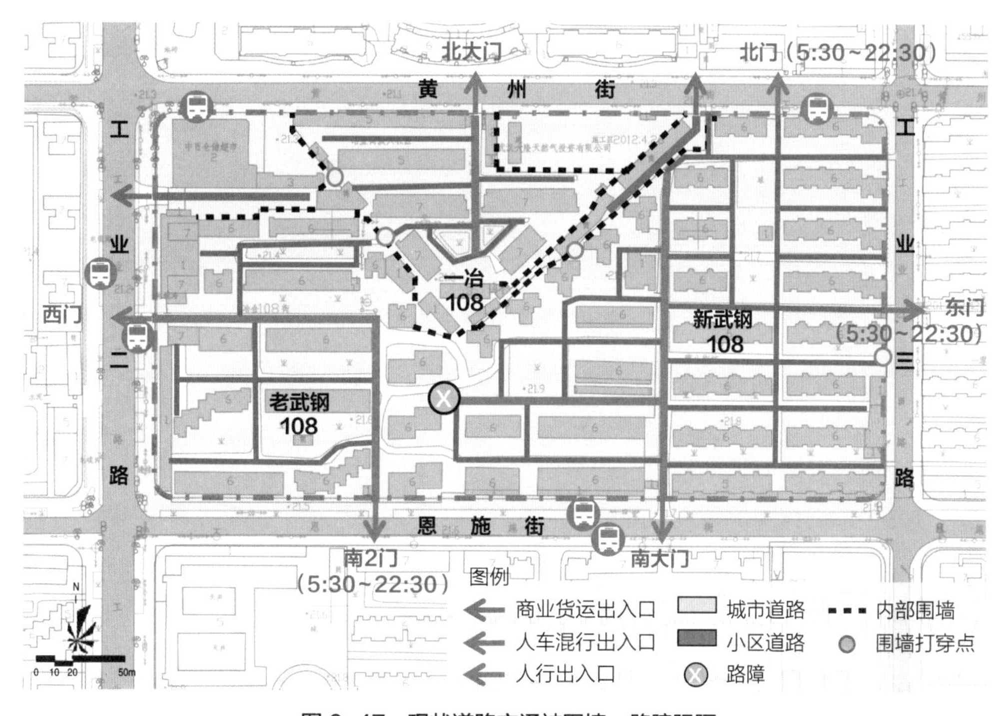

图 6-47　现状道路交通被围墙、路障阻隔

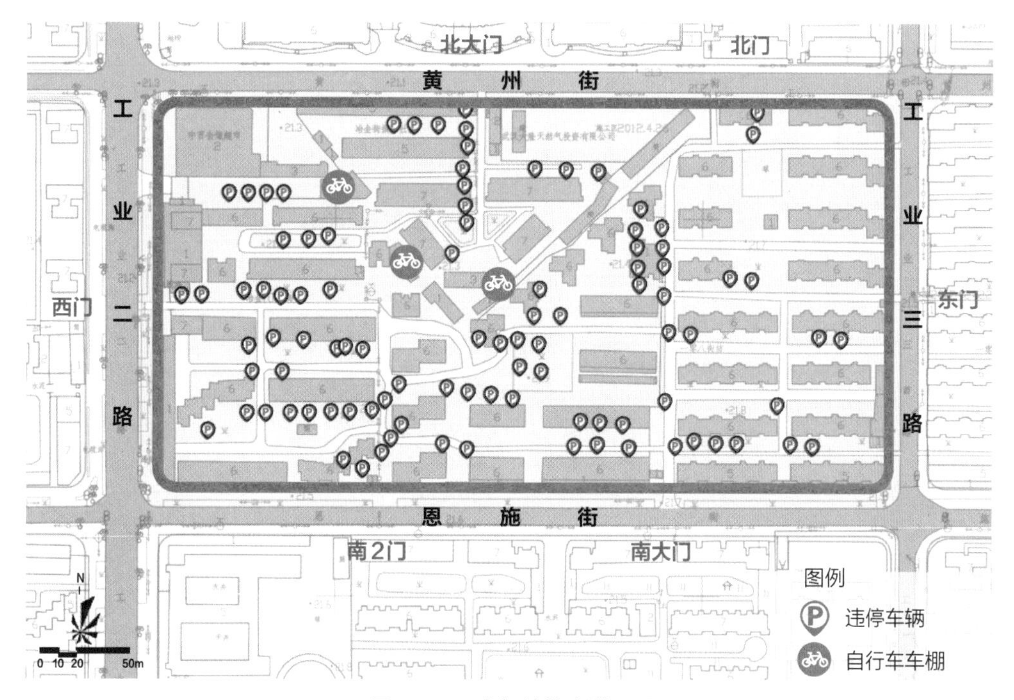

图 6-48　车辆违停占道严重

三是步行环境连续性低。由于年久失修，局部路段路面存在坑洼不平、破损开裂，地面易积水。同时，由于现有适老化道路设施不足，无障碍设施只有局部铺设，导致婴儿车、轮椅等难以出行。

2）人车混行、照明及安防设施不足，缺乏安全感

现状社区内部道路虽然已经构建道路分级，但人行和车行空间重叠，没有划分或隔断，慢行路权缺乏保障，常出现人车抢道现象，行人穿行其中难保安全。同时，路灯数量不足且照明设备老化照度不够，增加了夜间步行环境的不安全因素。在社区中心的“民声墙”上，居民普遍反映“灯光太暗”，对社区夜间步行所需的灯光照明设施需求较大（图6-49）。另外，随着社区从封闭走向开放、出现人口杂化趋势，监控等安防设备的缺乏，让居民出行缺乏安全感，降低了非必要出行的意愿。

3）可识别性差，宜人性欠佳

一方面，大院时代社区建设的空间形式其可识别性就不高；另一方面，社区缺乏易识别的标识标牌，导致本就复杂的出行路线更加缺乏导向，无法引导便捷出行。除了北门公告栏处设有社区减灾疏散示意图外，居民只能通过每个单元入口处的蓝色小门牌来判断所处位置，而这些门牌不仅尺寸小，有的还褪色难以辨认（图6-50）。

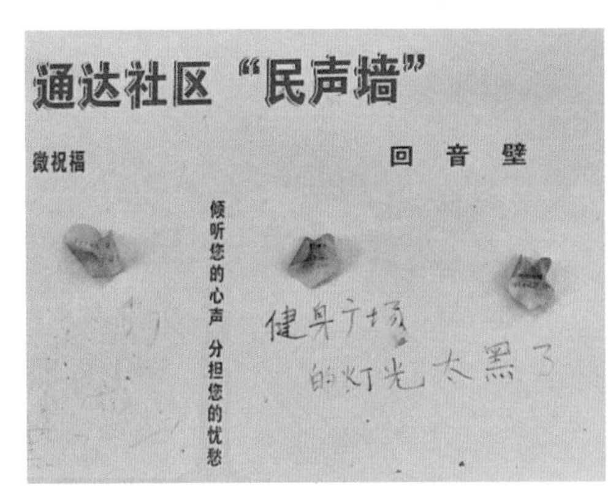

图6-49　现状步行环境照明不足

图6-50　现状单元门牌难以辨认

（2）场所吸引力不足

1）商服设施功能业态单一，复合度不强

5 分钟生活圈的步行距离内，在公共服务设施方面，社区建有卫生服务站、社区服务中心、老年人服务中心、体育苑等公共服务设施，附近设有一所对口小学及多所幼儿园（图 6–51）。但参照相关标准并结合居民诉求，社区服务站、托老所规模仍不足，文化活动站、公共厕所两种功能缺失；在商业服务设施方面，社区西北部街角有一处中百仓储超市，沿街商业业态单一，沿街餐饮在底层商铺中占比约 42%，其余多为私人承包搭建的废品回收、五金等低端商业，档次较周边街坊低（图 6–52）。步行可达范围里难以提供复合多样的高质量服务，不能完全满足居民的基本生活和娱乐休闲需求，从而降低了居民步行出行的意愿。

2）集中活动场地布局不合理，均好性不足

社区包括 3 处集中的公共活动空间，即位于新武钢 108 片区的休闲广场约 1700m^2、南中心绿地约 1000m^2，以及位于一冶 108 片区的北中心绿地约 300m^2，规模较充足，其中休闲广场由活动广场、健身器材和乒乓球台 3 部分组成，是社区开展大型公共活动和体育锻炼的核心区域。但是，3 处场地均分布于社区中部及东部，这个片区的住户可以便捷地进行身体活动，而社区西部的老武钢 108 片区则缺乏集中活动场地，住户需要步行更远距离才能抵达公共活动空间。活动场地在空间上的不均衡分布，使得住户不能平等享有进入活动的权利。

3）活动场所空间品质不高，吸引力有限

通过现场观察和大数据分析，社区活力与公共空间存在错位。首先，人群活动较活跃的空间缺乏必要的公共设施及场所。调研时，在社区服务中心门口发生的一幕让人印象深刻，五六名居民围坐在一起，热火朝天地打着扑克，还吸引了路过的行人驻足“观战”，仔细一看，除了一条公共长椅，他们用的牌桌、凳子都是自己搬来的，各式各样不尽相同，可谓是“没有条件，创造条件也要上”，反映出单位老大院中，由于社会联系紧密，居民有强烈出门下楼进行休闲活动的需求；与此同时，偌大的休闲广场上却空空荡荡，除了沿边大树下设置的长椅较为抢手外，几乎没有什么人在其中活动和停留，反映出社区集中设置的活动场地因缺乏特色吸引物和座椅凉亭等休闲设施而活力不足（图 6–53）。

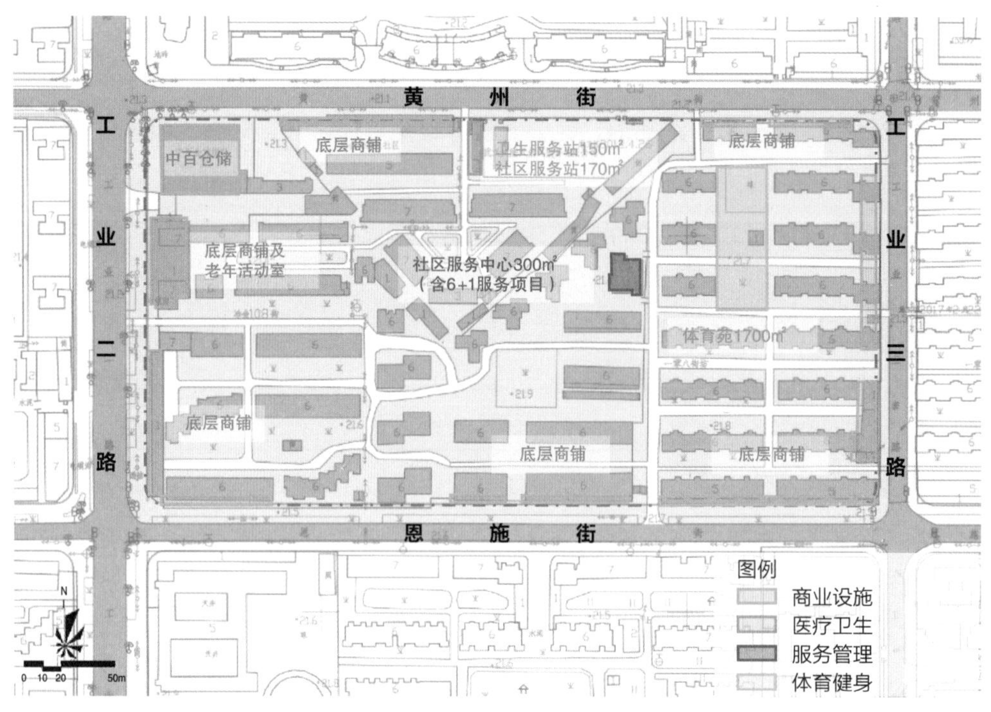

图 6-51　现状公共服务设施分布

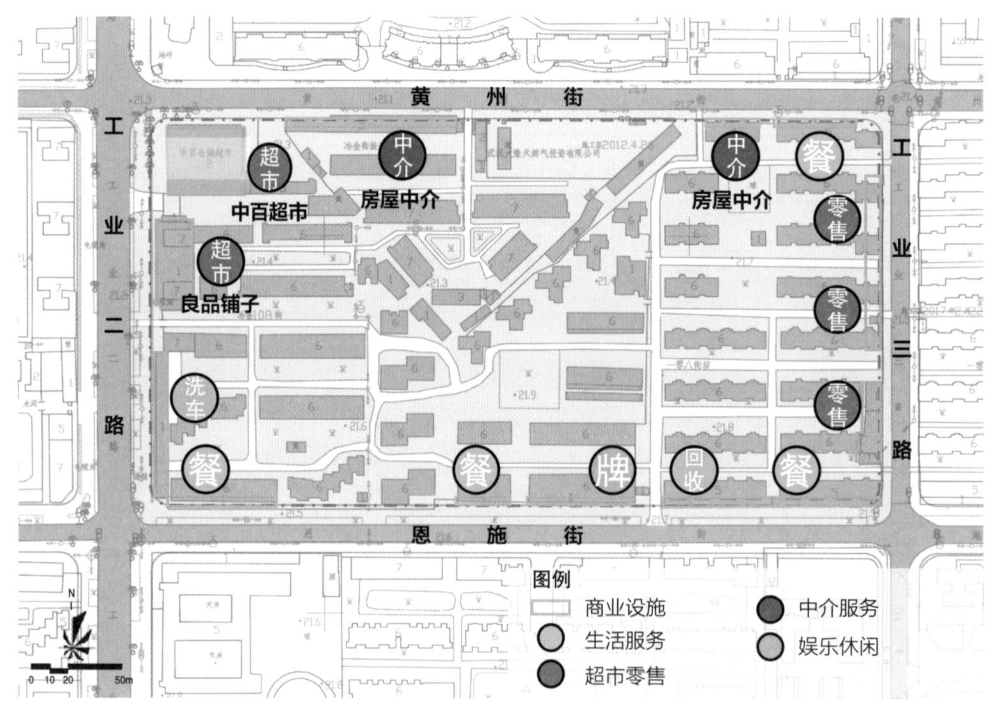

图 6-52　商业设施分布

图 6-53　现状社区活力分布与公共空间错位

3. 社区主动式健康干预规划理念及策略

基于通达社区不利于促进身体活动的 2 个层次、6 个方面的现状问题，规划相应从“出行路径优化”和“驻足场所提升”2 个维度，提出“连通、安全、宜人、复合、均好、品质”六大设计理念（图 6–54）。一是连通，重塑无障碍通达的道路系统；二是安全，建设安全可靠的步行环境；三是宜人，形成易于识别且舒适美观的出行空间；四是复合，完善功能多元的生活服务圈；五是均好，构建布局均衡的公共空间体系；六是品质，打造既能提供丰富参与体验又能讲述通达社区故事的特色活力场所。

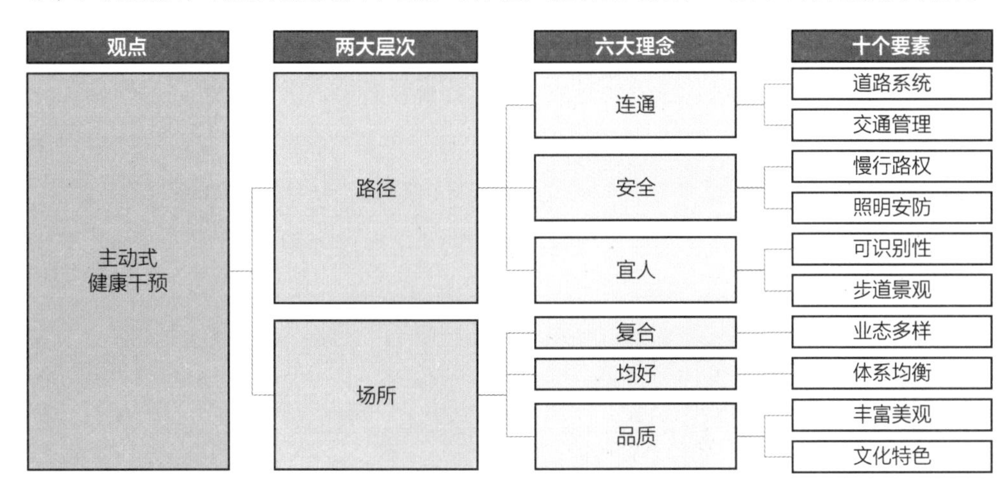

图 6–54　社区主动式健康干预体系框架

从居民的健康需求出发，通过物质空间环境的“小规模、渐进式”的整治改造，打造促进居民全民健身、再兴邻里多元交往、兼具厂区年代特色的健康社区，对居民行为进行主动式干预，促进身体活动，从而达到预防疾病和改善健康的效果，最终引导居民与社区共同健康发展（图 6–55）。

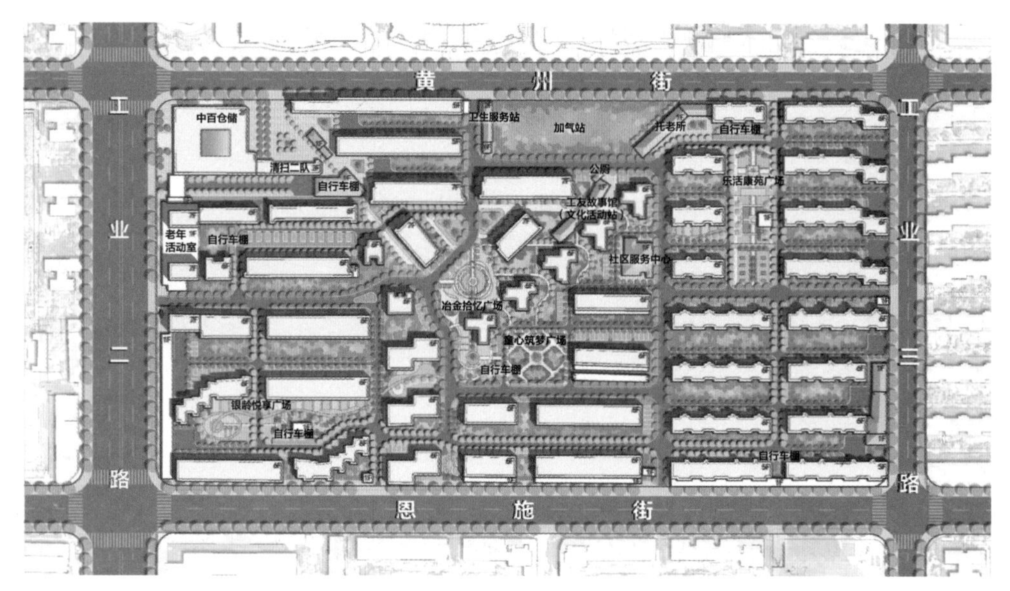

图 6–55　规划总平面图

（1）出行路径优化

1）重塑连通可达的道路系统

一是连通道路。为了贯通社区道路网络、缩短出行距离、提供更多样的出行路线选择，最紧要的工作就是清除障碍，将社区内分隔 3 个片区的围墙、路障全部拆除。这不仅能最大限度地增强交通的可达性，更重要的是，通过将围墙边原本消极的空间转变为宜人的绿化场地，打通居民心中无形的墙，使独立分隔的 3 个片区融合为一个整体共荣的社区，激发邻里散步串门的交往意愿（图 6–56）。在此基础上，规划重构社区小区路、组团路和宅间小路三级道路体系。根据相关规范并结合用地紧张的实际情况，将道路宽度分别设置为：小区路 6m、组团路 4m、宅间路 2.5m。通过局部拓宽和新建道路，贯通形成连通可达的道路系统（图 6–57）。

图 6–56　围墙现状及拆除改造效果图

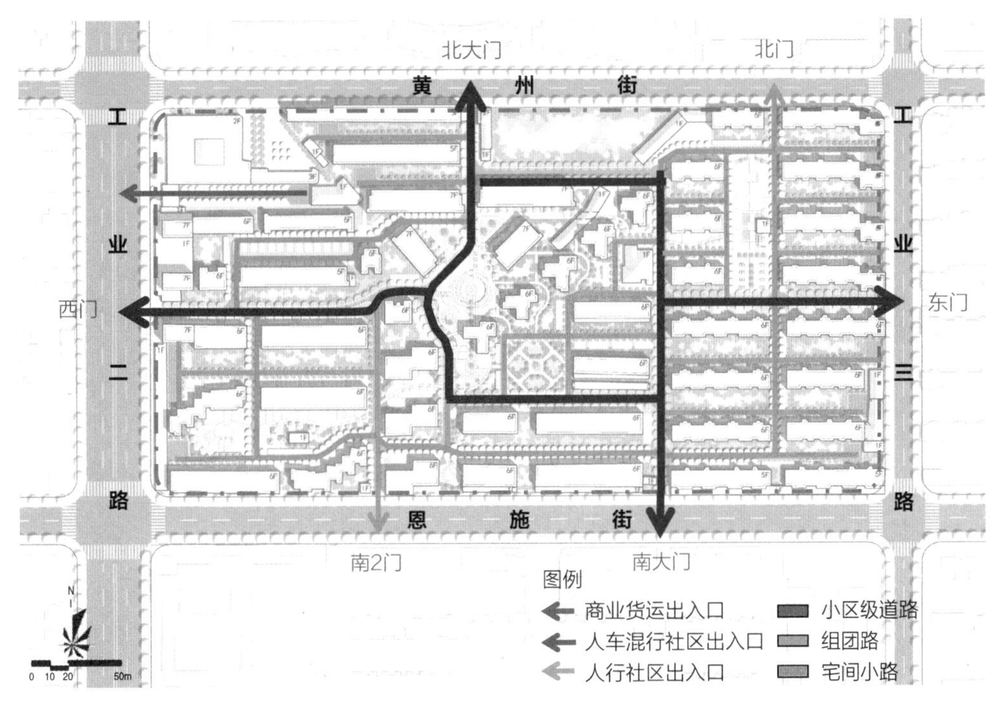

图 6-57 道路交通规划图

二是加强车行和停车管理。老旧小区的停车难、无序停车问题不仅影响了居民的正常出行，更降低了居民日常身体活动意愿。规划试图从机动车和非机动车停车管理两方面对步行环境进行改善。车行进出管理上，改造社区入口，通过设置拦车器和监控车牌识别，限制非居民登记车辆进入社区。同时，与交管、公安等多部门协作，集中清理长期无人使用的“僵尸车”，避免停车空间的占用。停车管理上，对于机动车停车，为了确保社区居民的车辆有序安全停放，规划在社区内部挖潜，梳理停车空间，统筹规划划线停车位 273 个，由于用地紧张，仍不足部分建议区政府协调交管局在周边城市支路增设划线限时停车位作为补充。对于非机动车停车，规划改造社区 1 处现状非机动车停车棚；增设 5 处车棚，均匀分布于社区之中，共提供约 350 个非机动车车位。在社区主要公共服务设施和活动空间周边，设置室外自行车架，便于临时停车（图 6-58）。通过有序管理动态和静态车行交通，还路于民，创造安全畅达的步行环境。

三是道路路面及无障碍设施改造。打造平整、连贯的步行空间。提升道路品质，改造现状破损开裂的水泥混凝土路面，铺设透水沥青，采用不同的改造方式对道路进行刷黑，打造抗滑耐久、利于路面排水的海绵街道，避免路面湿滑导致行人跌倒。在现状场地存在高差处，增添坡道等无障碍设施，消除出行障碍，提升适老化水平。在主要步行空间，形成连续的盲道，保障视力障碍残疾人安全出行。

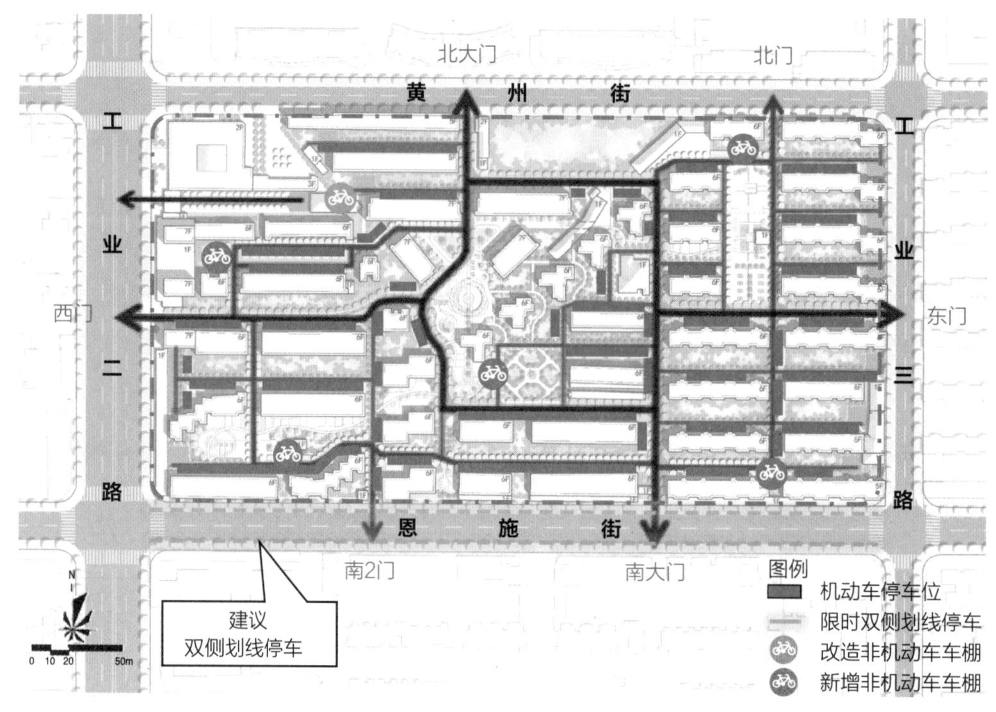

图 6-58 停车设施规划图

2）建设安全可靠的步行环境

一是保障慢行路权。尽可能实现人车分流，在小区路两侧，分别划定 2.5m 宽慢行空间，通过路侧绿化带分隔，在铺装上予以区分；对于机动车流量较小的组团路、宅间路，采用机非混行的车道形式，在集约利用空间的同时，采取交通稳静化措施降低车辆速度，将社区车辆行驶车速限制在 5km/h 内。在车行出入口设置机动车减速带，避免车辆进入社区车速过快；结合建筑及景观空间，局部采用通而不畅的社区内部道路设计原则，对路段速度进行管理，消除交通安全隐患，提供安全舒适的慢行环境。

二是升级照明及安防设施。首先，对步行环境进行夜景亮化，规划以 30m 为服务范围，沿小路内部道路增设满足人行道照明需求的路灯，局部日照充足的区域可采用太阳能节能路灯，共拟增加 14 盏；加强日常维护，及时更换老旧破损的灯泡，提供充足的夜间照明，促使公共空间白天和晚上都有活动发生。同时，结合景观绿化选择不同形式的高品质景观照明，丰富视觉艺术性体验。安防方面，在社区主要出入口、人员集中场所及个别存在隐患的部位补充视频监控等智能安防设施，对每个进入社区的人员至少有一个正面的高清画质特写，并且加强小区道路、单元出入口等重点部位的巡逻，提升社区安防服务水平，提供可靠的步行环境，确保步行者的感知安全。

3）形成宜人舒适、可识别的出行空间

一是建立社区标识系统。首先，在社区西门入口设立体现社区形象及文化内涵的标志，增补景观灌木和花卉，提升社区门户的昭示性。同时，建立社区标识引导系统，在主要出入口补充地图标识，在主要路口设置指引牌，基于规划道路系统将社区重新划分为5个组团，每个组团赋予不同的主题色彩并在每栋楼山墙墙面上统一设置与组团色彩相应的标识牌，清晰标识该栋楼所含单元楼号，使人们得到及时、连续的提示，引导居民准确识别方向、便利出行。

二是美化漫步绿环。规划打造约940m慢行绿道，形成休闲漫步绿环，将主要公共服务设施和活动场地有机串联成一个促进邻里交往故事上演的大舞台，实现整个社区的共享共融。景观设计上，将武钢特有的汽水票纹样融入特色铺装纹样设计，提升场所的趣味性，让居民在漫步的过程中重温年代景观，增强自发性活动意愿；回收工业废钢材料及机械构件、武钢及一冶单位老物件以及未来“红房子”拆迁留下的门窗、砖瓦、家具等进行再利用，塑造年代感的景观雕塑小品，延续大院邻里的生活气息，唤醒集体记忆和感情，促发邻里间社会性活动（图6–59）。

图6–59　20世纪八九十年代具有工人生活特色的场地、活动和标识

（2）驻足场所提升

1）丰富商业服务功能业态

通过提供多样化、品质化的商业服务，使购物等必要性活动可以更便捷更高质量地发生，同时以特色化的服务体验吸引居民前来产生自发性和社会性的活动。

一是改造既有闲置建筑，补齐缺少的社区服务功能。改造加固社区北部2栋建筑质量较差的一层砖房，新增托老所、文化活动站、公共厕所等，以满足居民基本的生活服务需求。打造两大特色功能，即老大院主题的社区食堂、讲述年代文化记忆的工友故事馆，以追忆旧时光的方式，吸引居民参与体验（图6–60）。

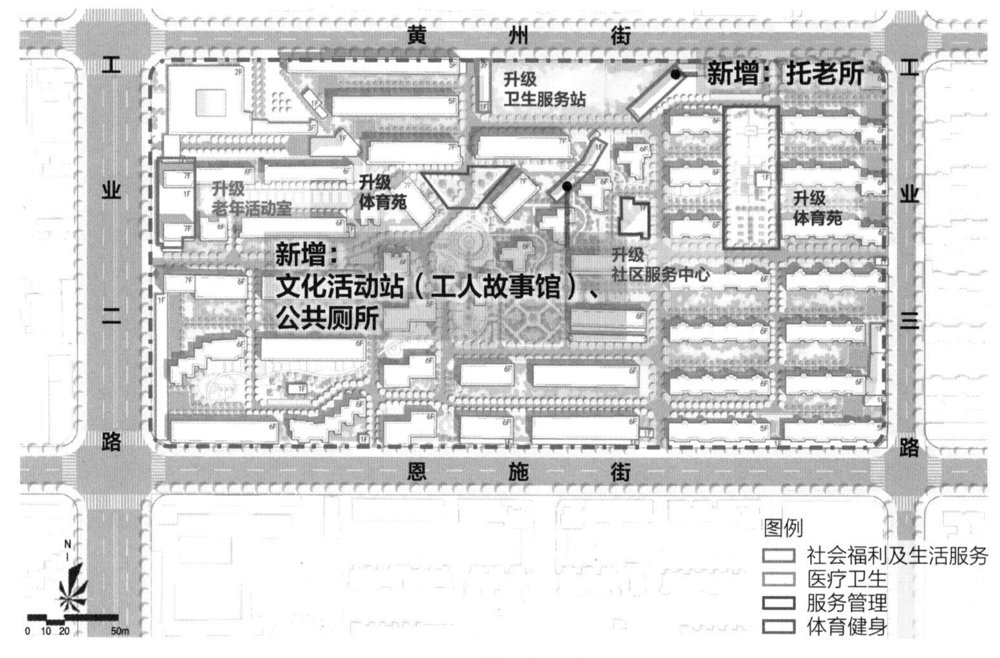

图 6-60　公共服务设施规划图

二是升级沿街商业设施，形成丰富活跃的沿街界面。建议腾退废品回收、五金建材等较低端的服务业态，置换为高品质、多样性服务设施，对现状品质不佳的进行改造提档。丰富整体业态，鼓励中小规模商业零售、休闲餐饮、文化娱乐、社区服务等业态混合搭配，给居民出行提供更多的出行理由（图 6-61）。

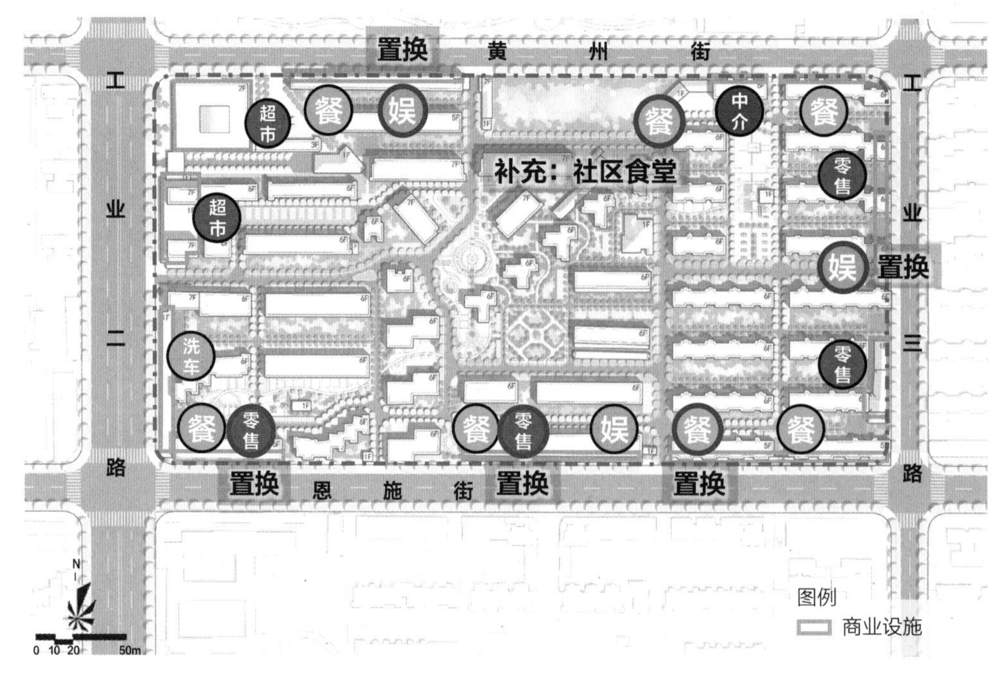

图 6-61　商业设施规划图

三是引导地摊经济，激发社区活力。对于居民来说，地摊不只是商业场所，更是一个有人情味的休闲社交的空间。通过提供可拆卸帐篷，规划在休闲广场组织周末集市，作为居民交换闲置物品、DIY 手作等的交往场所。同时，规划加强社区内小吃副食、水果蔬菜、修鞋配锁等流动摊贩的管理，引导各摊贩参与制定社区地摊公约，从摆摊地点、出收摊时间、卫生洁净、诚信经营、质量品质等方面对摆摊行为进行规范，提供既保留市井烟火气息又整洁有序规范的非正规商业服务，延续社区内有温度的生活体验。

2）构建均好的公共活动空间体系

倡导均好共享、户户有景，切实从居民使用需要出发，构建“共享游园—漫步绿环—宅旁绿地—屋顶农场”4 个层次的公共空间体系，使住户平等地享受各类公共活动空间。充分利用现有场地，在社区中部、北部、东部、西部各打造一处室外活动场地作为主题共享游园，作为开展社区活动的主要场地，促进居民日常、高频率的活动，使居民养成健康锻炼的习惯；采用个性化定制模式改造宅旁绿地，为居民提供多种公共空间模块供选择，可自由选择自己楼下的庭院景观，为居民提供空气清新且有益身心健康的开敞空间场所；在住宅屋顶打造小型空中花园兼作社区农场，为每个楼栋提供参与式邻里互动社交场所（图 6–62）。

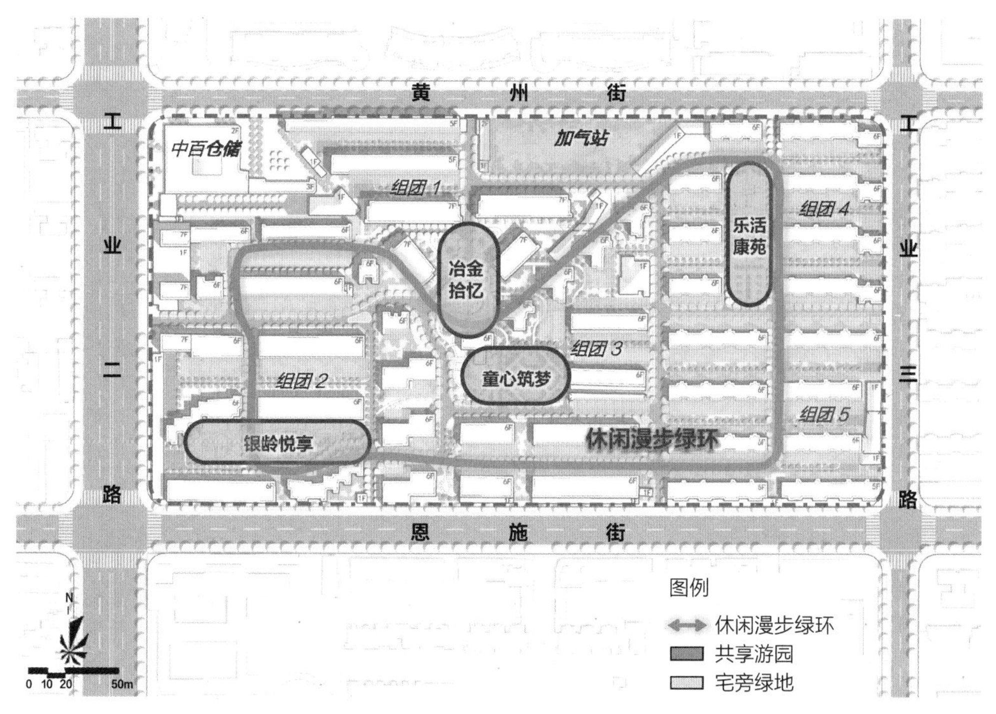

图 6–62　公共空间结构图

3）打造注入在地文化的高品质活动场地

围绕文化主题，活化共享游园。跟其他单位大院一样，通达社区就像是一块活化石，几经变迁，依稀还能从遗存的“红房子”（原一冶宿舍）、街面斑驳模糊的商铺招牌等看见当年的岁月痕迹，然而大院热闹的邻里活动却由于缺乏承载空间和设施已难见踪影。规划围绕社区在地性大院文化特色，结合社区现状绿化景观条件和未来可利用开敞空间，分别围绕文化、体育、老年、儿童等主题，打造“冶金拾忆、乐活康苑、银龄悦享、童心筑梦”四大活动场地，重塑充满 20 世纪八九十年代特色的大院生活场景，以期重新活化大院工人的生活氛围，促进社区居民活动与交往。

“冶金拾忆”游园——社区唯一一栋现存“红房子”位于社区正中心区域，规划希望改造拆除后的场地，通过年代感的景观设计，打造社区公共活动及精神文化中心，再现一冶和武钢工人们光荣的冶金岁月，增强社区认同感和居民归属感（图 6–63）。规划充分传承并提取工人文化基因和大院特色元素，如耐候钢作为工业风的代表、合金作为炼钢历史的体现、红砖作为苏式红房子的再现，打造文化石浮雕景墙、文化雕塑、钢木休闲座椅等（图 6–64）。

图 6–63 “冶金拾忆”游园现状及改造效果图

特色元素的应用

● 耐候钢：工业风的代表

● 合金：炼钢历史的体现

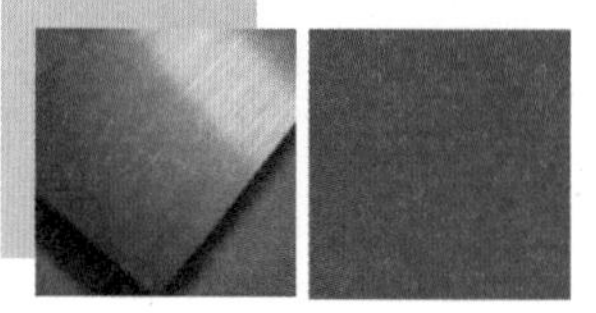

● 红砖：苏式红房子的再现

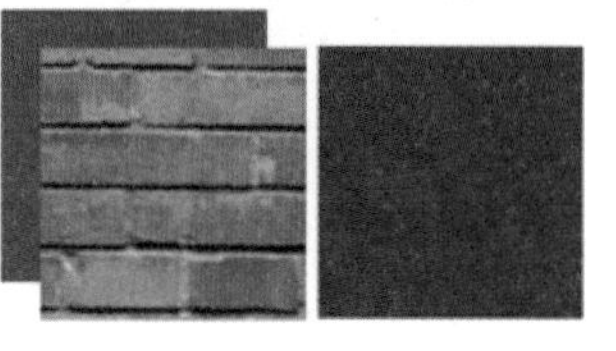

【特色元素运用说明】小面积作为辅助色或强调色使用。

图 6–64 注入在地文化的特色元素应用

“乐活康苑”游园——为了重现当年休闲三步踩、露天电影、摆竹床阵等热闹的大院邻里活动，规划对社区东北部的现状休闲广场进行提升（图 6-65）。一是利用现有开阔广场打造可变多用途的活动空间，提升广场的利用率和对不同活动需求居民的吸引力，如完善体育场地、增加体育设施。二是完善公共设施，延长居民在此活动停留的时间。通过增设可拆卸遮阳棚以适应武汉夏热冬冷的气候特征，夜景亮化以提升夜间广场利用率，并通过设置武钢汽水贩卖点以提高场地活力。三是改善景观环境，采用“常绿乔木＋本土花卉”的植物配置方式，丰富绿化层次，提供遮阳的同时，营造活力多彩的空间氛围。

图 6-65　“乐活康苑”游园现状及改造效果图

“银龄悦享”游园——基于轻度老龄化的社区特征，规划改造社区西南一处现状场地，针对性打造一片老年人活动天地（图 6-66 左）。改造报刊亭、遮阳座椅，为居民提供乘凉看报的交流场所；美化现状休闲凉亭，增加棋盘桌、地面棋盘格等，打造琴棋书画兴趣角，给社区广大棋牌迷们提供户外切磋棋艺的空间。

“童心筑梦”游园——为了改变社区没有儿童游乐场地的现状，规划改造社区中部一处景观花园，为孩子们开辟一处儿童友好型公共空间，从视听嗅触等多种感官体验出发，全面激发孩子们前来玩耍的兴趣（图 6-66 右）。利用现状 4 片草地，

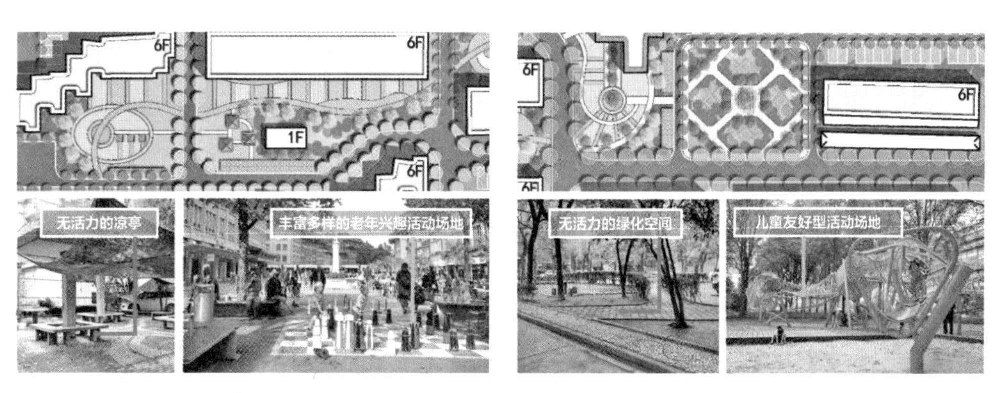

图 6-66　“银龄悦享”游园现状及改造效果图（左）与“童心筑梦”游园现状及改造效果图（右）

分别打造为运动区、田园区、艺术区和休憩区：运动区设置沙坑、爬网等小型儿童游乐设施；田园区打造种植菜园，寓教于乐，提供认识蔬菜瓜果、学习自然知识、探索亲子种植等体验；艺术区设置交互体验式艺术景墙，激发儿童想象力和创造力；休憩区设置全龄适用的桌椅设施，便于家长看护及休闲交友。

4. 小结

存量规划时代背景之下，武汉市通达社区微改造以促进居民自发性和社会性活动为目标，以问题为导向，提出完善道路交通的可达性及舒适性、提升活动场所的吸引力及文化特色这两个维度的规划策略，以期通过打造主动式健康干预的社区环境，拓展活动的广度及强度，增强出门活动交往的意愿，培养日常活动的健康生活方式，提升居民健康素养水平，最终促进社区居民健康发展，从健康维度为老旧社区的微改造提供经验。

本次规划由于对民生健康生活需求重点关注，2019 年 6 月在武汉市自然资源和规划局组织召开的年度老旧社区微改造优秀方案评选中脱颖而出，获得最佳人文关怀奖。同年年底，该项目还荣获 2019 年度武汉市优秀城乡规划设计三等奖，以及 2019 武汉设计日暨第五届武汉设计双年展之首届武汉创意设计大赛优秀奖，被《湖北日报》《长江日报》、武汉广电等多家媒体转载报道，引起社会各界的广泛关注和好评。目前，街道、社区在此方案的引导下，逐步开展深化设计、规划实施等后续工作。

健康是人的生命之本，而健康的身体源自健康的生活方式。基层社区层面的健康细胞工程建设，基于主动式健康干预视角的社区微改造作为改善社区环境的有效手段，全方位干预影响健康的环境因素，通过创造满足居民健康需求的健康支持性社区环境，促进居民日常身体活动，对于培养居民健康生活方式、预防慢性疾病起着至关重要的作用，是实施健康中国战略的基础环节。

（六）六合社区——老旧社区中非正规公共空间的健康规划策略研究

1. 社区概况

（1）基本情况

六合社区位于武汉市江岸区中心区临江侧，有常住居民 3000 余户，总人口 8200 多人（图 6-67）。六合社区历史悠久，在 20 世纪 20 年代德日租界奠定的街道格局基础上，随后 30 年代演化出的里分街道形态一直保留至今。这种小街区、密路网的街道空间为流动摊贩的生存发展提供了合适土壤。20 世纪 80 年代以后，六合社区内开始有流动摊贩聚居，且规模越来越大。目前，在其 7.6hm^2 的核心片区内（北至张自忠路，南至六合路，西至中山大道，东至胜利街）形成了一条长达 210m，各种摊位达 70～80 个的沿街流动摊贩集中区（图 6–68）。这些摊贩主要经营蔬果肉蛋、生活日用品、早餐食品 3 类商品。其中蔬果肉蛋与周边大型菜市场的商品类型并无差异，但其吸引力远高于后者。这是因为流动摊贩售卖的多为当天采摘的新鲜蔬菜水果，加之无租赁和税收成本，与周边菜场相比具有品质和价格优势。也因此吸引了附近多个社区的居民在此消费，服务范围包括了周边多个社区约 5 万居民。

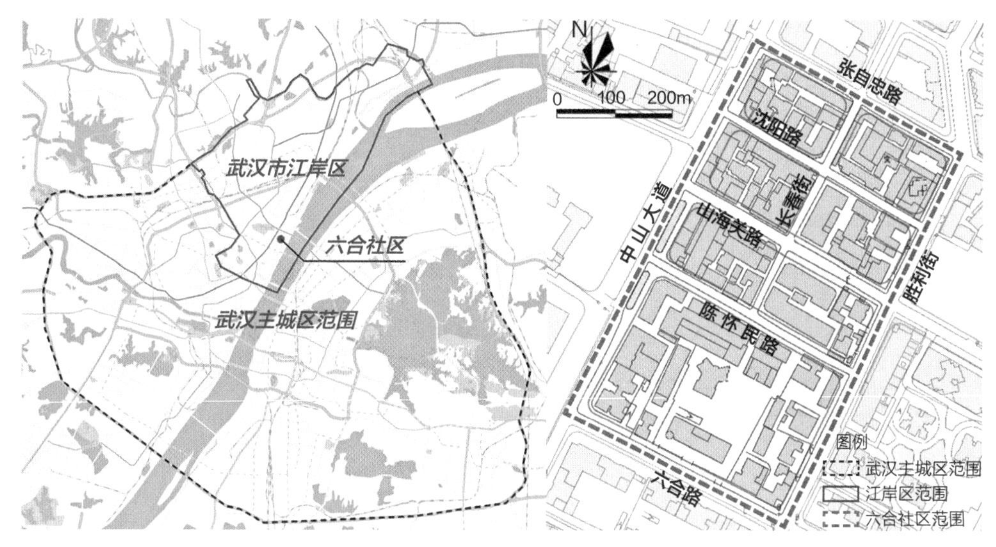

图 6–67　六合社区区位及范围图

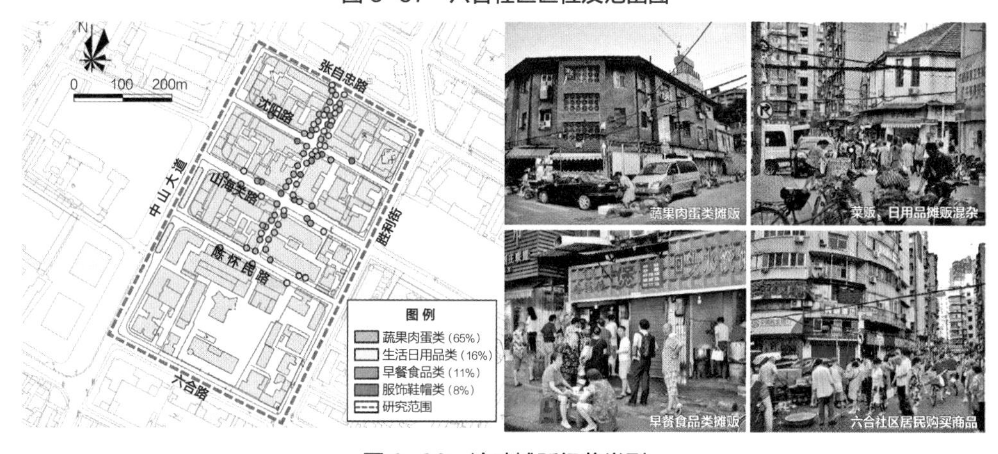

图 6–68　流动摊贩经营类型

由于人口众多、管理困难等原因，区域一直处于秩序混乱、卫生脏差的状态。自 2016 年以来，武汉开始着力整治城市老旧社区以提升城市品质和形象，六合社区的整治改造工作被提上议程，如何处理六合社区长期存在的流动摊贩区就成了改造规划的难点之一。

（2）核心问题

1）多方利益冲突

六合社区的流通摊贩区涉及多元利益群体，且诉求不同（表6-5、图6-69）。正是多种利益主体态度的不统一，给改造带来很大困扰：市政府更关注卫生环境和城市形象提升，为实现此目标规定下辖区县必须进行社区改造，而又不能提供改造资金；区（县）政府要贯彻上级政府政策，完成改造任务，但往往自身财力不足，对老旧社区改造难以执行；街道更关注片区经济发展问题，流动摊贩在产生健康安全隐患的同时也带来了经济活力，这使得街道取缔摊贩的态度软化；社区作为最基层的实际政府和直接管理者，更关注民生社会稳定，其次才是形象提升和经济发展，但上级行政压力使得其在摊贩问题上进退维谷；而城管部门更加关注城市公共秩序、食品安全、环境卫生等问题，对流动摊贩持彻底取缔的态度，其与流动摊贩群体一直处于强对抗关系中。此外，居民对于六合社区非正规公共空间的使用意见也不一致——少数社区居民对于违章占道及其造成的环境污染、食品卫生、交通拥堵等存在不满，但多数居民与流动摊贩的关系一致，都为彼此获得更多经济收益而相互容忍。当然，摊贩之间还存在着空间争夺的现象，争吵、打架事件偶有发生。因此，对流动摊贩公共空间的使用，反映了以上群体诸多利益诉求，如何协调各种利益主体的意见成为六合社区改造的首要难点。

六合社区非正规公共空间内不同主体的利益诉求　　表6-5

相关者	角色	主要诉求的重视程度			主要诉求内容
		经济发展	社会稳定	个人收益	
市政府	政策制定者	中	中	低	城市形象
区政府	政策执行者	中	中	低	完成任务
街道	管理者	高	中	中	社区繁荣发展
社区	协调者	低	高	低	关注民生稳定
城管部门	执法者	低	高	低	维持公共秩序
社区居民	消费者	低	高	高	降低生活成本
流动摊贩	就业者	低	低	高	获取谋生空间

2）空间功能复合

六合社区属于功能在时空维度上高度复合的老旧社区。除了流动摊贩区，实际上六合社区片区范围内在不同时段存在着多种活动。空间热力图显示，各种活动在一天内有着明显的时间分段（图6-70、图6-71）：0～3时，主要是沿街（山海关路）

店铺占道经营烧烤宵夜等活动；3～5 时，两大专业菜市场（陈怀民路菜市场和沈阳菜场）和大型超市开始在陈怀民路西段区域装卸货物；5～7 时，长春街区域出现明显的流动摊贩集聚区；7～9 时，流动摊贩消失，附近居民的购买行为迁移到陈怀民路菜市场、沈阳菜场以及山海关路早餐店；12～14 时及 17～19 时，经营小吃食品的流动摊贩出现在中山大道沿线，这与附近学校学生下课就餐活动有关。

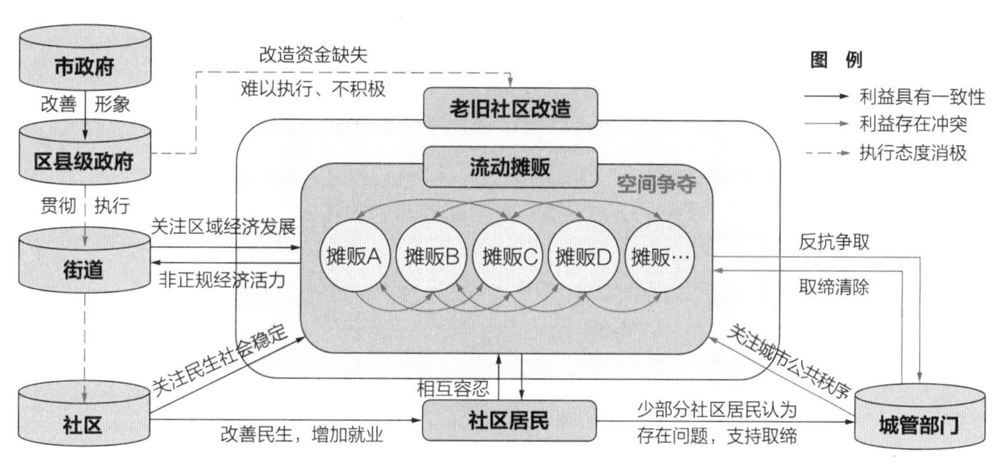

图 6-69　六合社区内非正规活动不同群体间的利益关系

图 6-70　非正规经济行为在不同时间段的空间热力图

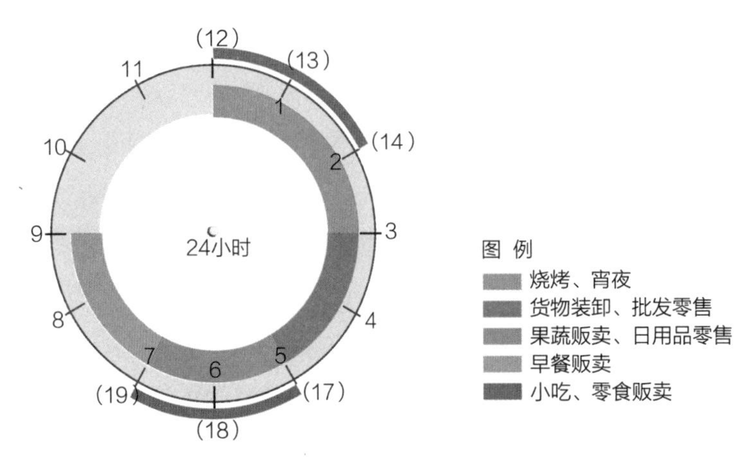

图 6-71　片区流动摊贩的分时段经营情况

在现有城市规划和管理框架下，解决六合社区非正规公共空间功能复合的难度极大。首先，摊贩种类多，流动性强，使得无法在规划中具体划分其空间范围。长春街内部的非正规空间中同时存在着蔬菜摊贩、食品摊贩及日用品贩卖摊贩 3 类利益群体，摊贩们本着“先到先得”的时间优先原则展开空间争夺，且烧烤、卖菜、售货、就餐等商业活动往往交织进行，通过功能划分其空间范围基本不可能实现。其次，非正规空间边界和经营主体的变更频率与规划管理的时间尺度存在差异。传统规划对于空间功能转换的时间管理一般以年或季度为单位，如六合社区内的城管部门仅能每季度统计一次流动摊位变化情况，但实际状况是片区内的流动摊贩经营类型在全天 24 小时内都在发生转换。这种时间维度的差别，使得传统规划手段无法有效管理六合社区内流动摊贩问题。

2. 健康社区非正规公共空间的理论框架

老旧社区非正规公共空间在健康社区建设中展现出的一些独特特征决定了其规划应当不同于正规空间的规划，本书据此提出了健康社区改造中非正规公共空间规划的理论框架和基本策略（图 6-72）。

（1）承认非正规公共空间在健康社区中的合理性

社区非正规公共空间的特征之一是社区低收入群体聚焦的场所。非正规公共空间的占用者多来自周边郊区或农村，主要从事低档次活动，如供应早餐、售卖生鲜、衣物缝补；其服务对象多为周边居民，尤其是低收入、行动不便的老人，是健康社区中营造社会公平和人文关怀的重要方式。老旧社区非正规公共空间的存在使得这部分居民的生活需求得到不同程度满足，购买生活日用品的成本大大降低，是社区健康经济空间的重要体现。此外，老旧社区非正规公共空间还提供了丰富多彩的社区文化，形成了独特的邻里社会网络，并与夜市、传统商业街等公共空间共同构成了城市市井文化，是社区中健康社会空间的重要组成部分。因此，对目前广泛存在的非正规空间的改造，应树立一种“以人为本、空间平等”的理念，即从服务健康社区、社会平等包容的视角，承认非正规空间存在的合理性。

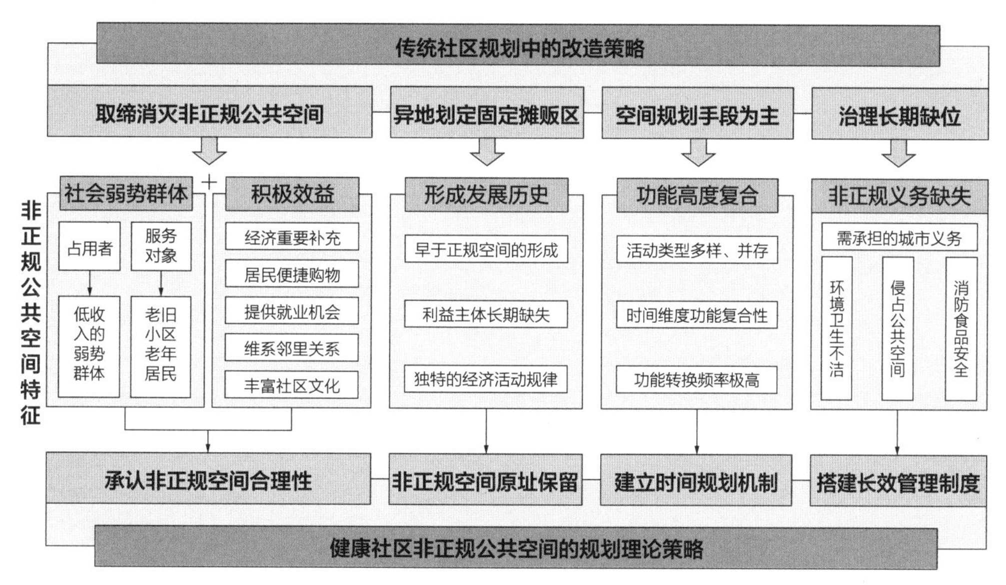

图 6-72　健康社区非正规公共空间规划的理论框架

（2）原址保留非正规公共空间

老旧社区非正规公共空间的特征之二是历史成因复杂。很多非正规公共空间是周边人群长期在此聚集并从事经营活动的场所，其形成时间甚至早于周边正规空间（合规建筑），只是由于正规空间被确定后，这些场所的定位才变成了所谓的非正规公共空间。很多非正规公共空间形成的复杂历史原因，追根溯源与其形成背后不同利益主体的产权结构及其长期的利益博弈密切相关。传统产权学派认为，非正规空间中产权的不确定性阻碍了居民对非正规经济的认可和投资，产权合法化因此而成为促进非正规空间环境改善的关键因素之一。我国主要城市摊贩引导性政策的基本方式是划出一部分公共区域作为固定摊位，允许其在某个时间段内经营，试图通过划定明确界限区域来解决非正规空间的空间权属问题，但实施效果并不好。其原因在于，划定固定摊贩区等措施既忽视了非正规公共空间存在的历史及客观原因，也没有充分考虑非正规空间内的经济逐利规律。这启示我们，在社区改造过程中，既要尊重非正规公共空间存在的历史因素，也要尊重其既有经济活动的特征，尽量以原址保留、原址改造为基本原则，采取原地或就近安排摊贩区等方式，最大限度地保持非正规空间的历史特色和原生活力。

（3）建立时间维度上的规划思维

老旧社区非正规公共空间的特征之三是其在空间、时间上呈现出高度的功能复合性。空间分布方面，大多数非正规空间内的经济活动多样，由此形成了空间上的功能复合性，并且这种功能复合的数量、种类远远高于正规空间；时间分布方面，如果说传统意义上的功能复合状态是指空间上的功能复合，那么非正规空间内功能复合更多的是一种时间维度上的功能复合。这是因为很多非正规公共空间具有自由流动性，如流动摊贩会根据人流密度、消费人群、商业区位等因素不断变换空间位置和经营类型，使得这些空间既没有明确的边界，也无法确定空间复合的具体内容，由此常常产生非正规公共空间占据者内部的矛盾冲突。然而，传统的空间规划手段需要在产权界线清晰的前提下，定义产权空间中的城市功能（或部分复合功能）。因此，老旧社区内非正规空间治理中，需要树立时间规划思维，结合非正规空间内经济活动的时间分布规律，制定特殊的分时段管理方案，使得不同活动在同一空间内的不同时间段都能有序进行。

（4）搭建柔性管理制度

老旧社区非正规公共空间的特征之四是多为城市管理和社会治理长期缺位的结果。一方面，由于历史及客观原因，非正规公共空间有其存在的合理性——这类空间担负了为其占据者和服务人群，尤其是弱势群体的服务责任；另一方面，一部分流动摊贩占道经营，侵占了合法公共空间，损害了市民整体利益，影响了城市安全、环境卫生、公共秩序和城市功能的正常运转。实现责任和义务的对等是老旧社区非正规公共空间治理能否成功的关键因素之一。但是要实现这一目标并不容易，尤其是在我国特色的产权及管理体制下，明确区分责任和义务的界限，更是困难。而刚性地区分责任和义务并加以实施，就常常容易导致各利益主体之间的矛盾冲突。因此，在老旧社区非正规公共空间的治理中，需要建立柔性的管理制度，即更加人性化和灵活的管理策略。例如，在健康老旧社区改造实施过程中，管理者可以利用流动摊贩与社区特殊的“熟人”关系，建立各种管理规章，如制定符合社区自身特点的公共空间管理条例，引导社区内流动摊贩的产品经营类型与经营范围；建立流动摊贩信用抵押或资金担保制度，约束其行为，保证食品卫生安全；建立社区内部流动摊贩信息管理平台，集中解决流动摊贩注册、奖惩、培训、宣传等工作。

3. 规划策略

（1）统一认识，建立协同工作机制

首先，针对非正规公共空间所涉及的各利益主体认知态度不统一问题，成立了由区政府牵头负责的健康社区整治工作小组，成员包括市级规划部门、区级相关职能部门、规划设计团队、城管、街道、社区，以及居民与摊贩代表等。在各方广泛商议、沟通的基础上，形成了对六合社区非正规公共空间改造的统一认识，即原则上保留流动摊贩区，但是对不符合城市健康卫生要求的行为，必须加以纠正以确保食品卫生的基本安全。在这一前提下，建立协同工作机制，各利益主体明确工作职责、分工协作。区政府负责组织协调，并承担主要改造资金；市级规划部门按照政策要求明确相关改造原则，并与设计团队一道提供技术支持；区级职能部门在完成自身工作职责的同时，在垂直管理体系下，争取上级部门支持，解决部分资金问题；街道与社区相配合，承担城管部门职责范围之外的垃圾清除、卫生绿化等工作；社区在保障居民基本利益的同时，做好摊贩、居民的组织动员和流动人员管理工作；城管部门重点负责环境面貌、食品安全、经营秩序的规范化管理，但对于各种非正规活动存在的特殊情况，则要制定更灵活的管理政策；而摊贩，在允许经营的同时，也要维护自身环境卫生、食品安全经营。

（2）保留流动摊贩区

针对六合社区内流动摊贩进行的问卷调查（表 6-6）表明，片区内摊贩以 40～60 岁男性为主（占比 64%），多是江岸区近郊农民。还有部分 60 岁以上的摊贩，多是附近社区居民。流动摊贩从事摊贩经营活动的时间较长，以 3～8 年居多（占比 64%），时间最长的摊贩约有 12 年。在文化素质方面，流动摊贩的文化水平较低，以小学、初中文化为主（占比 76%），还存在一部分未受教育群体（5%）。可以看出，六合社区内的非正规空间也是以弱势群体为主，包括近郊农民、社区老人，是维持生计的重要健康经济空间。

片区流动摊贩的社会构成特征　　表6-6

年龄	18～30 岁	30～40 岁	40～50 岁	50～60 岁	60 岁以上	
比重	4%	14%	30%	34%	18%	
经营时间	1 年内	1～2 年	3～5 年	5～8 年	8～10 年	10 年以上
比重	8%	13%	39%	23%	12%	5%
文化水平	文盲	小学学历	初中学历	高中学历	大专学历	大学学历
比重	5%	28%	48%	15%	3%	1%

六合社区流动摊贩区从 20 世纪 80 年代开始形成，至今已有 30 多年的历史。对于六合社区居民而言，流动摊贩已成为老旧社区生活配套设施的重要组成部分。调查显示，社区居民 80% 的购物、就餐等日常消费活动都与流动摊贩区有关，超过半数的社区居民反对取缔流动摊贩，但希望规范其经营秩序。基于这种情况，在六

合社区改造初期，规划师便确立了积极保留并改造的规划态度，反对“一刀切”取缔流动摊贩，通过在原址保留流动摊贩区，既给予流动摊贩一定的生存发展空间，也方便了老旧社区居民的日常生活。

（3）原地划定自由流动区

国内外非正规空间治理的相关实践证明，非正规部门间的空间冲突是缺乏合适空间所致，提供一个具有稳定使用权的空间，是解决非正规空间冲突问题的主要途径。但异地划定摆摊区既不能有效治理非正规空间，也不能彻底消除非正规空间对健康社区中物质空间存在的负面影响。而保证非正规空间中经济活动的自由流动性，是实现流动摊贩区等非正规公共空间治理的关键。本项目中，六合社区内早已形成一个比较集中的摆摊活跃区，主要集中在长春街、山海关路以及中山大道等路段。基于这种“整体流动，局部集中”的空间经营特点，改造规划提出在原有区域划定摊贩自由流动区的方法，允许流动摊贩在此区域内根据市场需求改变经营位置，继续为社区居民提供各类服务。划定的自由流动区（图6–73、图6–74）位于长春街及中山大道右侧沿街区域，基本符合流动摊贩的现状分布特征，长春街自由流动区主要用于果蔬菜贩的摆摊需求，中山大道右侧沿街自由流动区主要用于满足食品类摊贩的摆摊需求。

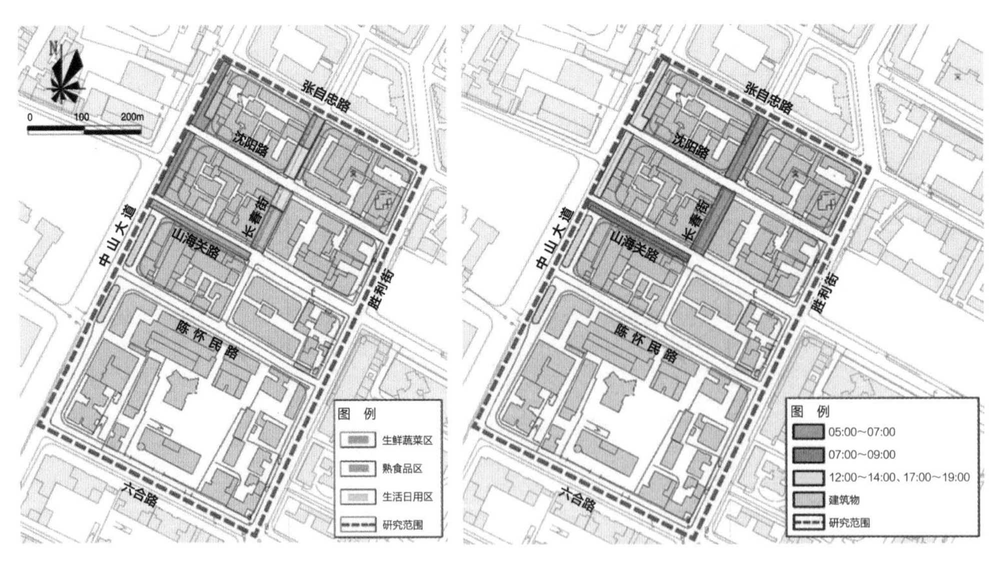

图6–73　规划的自由流动区　　图6–74　区域受保护时间段管理示意图

（4）建立分时段管理机制

基于六合社区内非正规活动在时间维度上的功能转换规律，规划提出六合社区内部的时间保护分配机制——在规定的时间段，只允许某些类型的经营行为，而其他类型的经营行为则被禁止。具体来说，早上5～7时是长春街售卖新鲜果蔬、生活日用品的流动摊贩受保护活动时间；7～9时属于山海关路早餐售卖摊贩的特殊活动时间；12～14时及17～19时属于中山大道午餐、晚餐、零食、小吃沿街售卖的受保护活动时间。在上述规定时间段内，其他摊贩不得进入此区域。除此，为配合时间分配机制的实施，在关键道路交叉口设置交通桩，方便自由流动区分时段管理（图6–75）。同时，按照原有摊贩经营特征，对区域内的流动摊位进行统一设计和形象提升。例如，统一设计的摊位宽度不超过人行道宽度，长度不超过4m，基本延续了原有摊位的使用习惯。

图6–75　自由流动区摊位和交通桩设计示意图

（5）搭建人性化长效管理制度

社区管理制度的制定，有利于达成社会共识和价值认同，增强社区凝聚力，这是社区构建健康文化空间的重要基础。老旧社区内流动摊贩引发诸多问题，更需要一种人性化的长效管理机制来规范非正规公共空间内的经济活动。与通常流动摊贩低门槛、易进入的特征不同，六合社区内流动摊贩需要社区居民认可的“熟面孔”才可以在社区内生存下去。调查显示，摊贩中经营时间在5年以上的老摊贩占流动摊贩的52%且年龄均在50岁以上（表6–6）；在户口情况方面，老旧社区存在相当一部分社区内当地居民，且均是城市户口，可以说是一种“原居民”非正规化现象。

基于这种“熟人化”邻里关系，六合社区健康营造过程中，制定了更加符合老旧社区流动摊贩社会网络的柔性管理制度：第一，建立流动摊贩信息注册制度。区域内的流动摊贩将必要的个人信息交由社区管理备案，相关部门为其发放流动摊贩执照，注册后不具有强制性，仅用于日常经营管理和应对食品安全事件，如流动摊贩违反食品安全规定，可记录在案并扣除信用积分，达到一定数值收回其摊贩执照。第二，对自由流动区内的摊贩收取保证金。片区内不收取租金，设立保证金制度的目的在于保证摊贩经营活动的安全合法性，保证金在摊贩安全经营一定时间后退还。第三，建立产品类型与经营范围引导制度。对流动摊贩售卖产品和经营范围进行一定约束，保证与附近专业化菜市场正当竞争。这一制度坚持“大类控制、小类引导”的柔性管理原则，最大限度不损害摊贩选择经营产品的自主性。

4. 小结

当前，我国已进入存量规划时代，城市中正在形成大量急需改造的老旧社区，这些老旧社区的健康营造普遍存在着流动摊贩治理困难的问题。本书在分析总结流动摊贩空间特征的基础上，提出了健康社区导向下老旧社区非正规空间的规划策略，包括原址保留划定摊贩空间、分时段引导功能转换、社区柔性管理等。

在本次武汉市六合社区的试点规划中，规划围绕着提升居民生活质量这一核心目标，深入关注涉及人民群众切身利益的健康安全、社会公平、包容与空间平等问题，将流动摊贩、老旧社区居民等社会群体吸收到城市健康共同营造的体系中来。改造后社区内环境、邻里关系、商户经营状况持续改善，在武汉市内逐渐开始发挥积极的示范作用，充分证明了规划策略的合理性，对我国其他类似的老旧社区健康改造具有很好的借鉴意义。

七、总结与展望

本书首先梳理了健康社区的相关概念和内涵，认为其在社会发展和演变的过程中不断扩展，不仅包括传统认知中的公共卫生领域，还涵盖了经济发展、文化建设、空间规划、社会治理等多个方面。本书将健康社区概念在时间维度上进一步拓展，将平疫结合、全生命周期的理念植入其中。

其次，整理研究了国内外健康社区相关的建设标准和相关实践，发现目前其关注重点涉及居住、服务、交通、文化、安全和治理等方面，全方位、全流程的社区建设已经深入人心。在相关探讨中，原则和策略偏多，具体措施偏少；治理层面研究偏多，空间层面措施应对偏少，需要在新时期提出兼具策略和措施，社区治理和空间应对的健康社区规划体系。

再次，围绕以人为本、健康生活，构建兼具日常生活常态和突发事件应急能力的健康社区的总体目标，相应提出了基于时间和要素的建设维度，并由此从健康社区空间规划体系和健康社区综合治理体系两个方面，中观和微观多个层次提出了新时期健康社区的规划体系。同时，从中观规划、微观设计、综合治理 3 个方面提出了具体的健康社区规划策略。

最后，本书梳理提炼了武汉市社区发展、社区规划、健康社区建设的历程，据此选取最具代表性的 5 个社区，将新时期健康社区规划体系运用其中，以实际案例验证健康社区规划体系具体落地的可行性和必要性。5 个社区案例分布在武汉不同的主城区，具有不同的发展特色，如知音东苑社区，更多关注空间上平疫结合的措施；如东亭社区，侧重点则转移到突发公共卫生事件之后的社区应对和治理；如幸乐社区，在日常阶段就关注老年人等易感人群的健康状况；如通达社区，在日常阶段关注居民的日常活动以应对各类突发公共卫生事件；如六合社区，则更关注日常阶段的非正规社区公共空间的营造。同时，5 个社区也都包括了相应的社区空间设计和综合治理管理体系建设相关内容，反映出新时期健康社区规划体系的不同侧面。

每一次突发公共卫生事件都会促进城市规划和城市建设领域内新的方法、理念和体系的诞生，从微观建筑层面的住宅采光间距、通风设计、消防规范，到宏观城市层面的基础设施规划、城市分区规划、城市公共空间和绿地的布局等都是如此。这些政策和措施的出台改善了城市空间状况，促进了健康城市、健康社区的发展。本书提出的新时期健康社区规划体系也起始于此，希望能够对我国健康社区的规划建设起到一定的借鉴和指导作用，在面对突发性公共卫生事件时，社区能更从容应对，居民健康能得到更好的保障。

附录　健康社区大事记

国家层面

1988 年 4 月，《中华人民共和国宪法（修正案）》审议通过，确立了爱国卫生运动的法律地位。

2015 年 10 月，党的第十八届五中全会明确提出“推进健康中国建设”，为更好保障人民健康做出了制度性安排。

2016 年 10 月，《“健康中国 2030”规划纲要》印发并实施，提出了普及健康生活、优化健康服务、完善健康保障、建设健康环境、发展健康产业五个方面的战略任务。

2017 年 6 月，中共中央、国务院印发《关于加强和完善城乡社区治理的意见》。

2017 年 7 月，世界卫生组织向中国爱国卫生运动颁发“社会健康治理杰出典范奖”。

2017 年 10 月，党的十九大报告中正式提出“实施健康中国战略”，将维护人民健康提升到国家战略的高度。

2019年7月，国务院印发《国务院关于实施健康中国行动的意见》（国发〔2019〕13 号）。

2019 年 7 月，健康中国行动推进委员会制定并印发了《健康中国行动（2019—2030 年）》，提出了健康中国行动的基本路径、总体目标。

2020 年 6 月，《中华人民共和国基本医疗卫生与健康促进法》正式实施，这是我国卫生健康领域的第一部基础性、综合性法律，对完善公共卫生体系、提升全面健康水平提供了重要的法治保障，具有十分重大的意义。

2020 年 7 月，国务院办公厅印发《关于全面推进城镇老旧小区改造工作的指导意见》（国办发〔2020〕23 号）。

湖北层面

2017 年 8 月，湖北省人民政府办公厅印发《“健康湖北 2030”行动纲要重点任务分工方案》（鄂政办函〔2017〕50 号）。

2017 年 12 月，湖北省委、省政府印发《关于加强和完善城乡社区治理的实施意见》（鄂发〔2017〕30 号）。

2021年，《省人民政府办公厅关于加快推进城镇老旧小区改造工作的实施意见》（鄂政办发〔2021〕19号）印发。

武汉层面

2018 年 10 月，武汉市发布《“健康武汉 2035”规划》。

2020 年 1 月，武汉市人民政府办公厅印发《武汉市老旧小区改造三年行动计划（2019—2021 年）》，全面推进全市老旧小区改造。